数学文化览胜集

教育篇

李国伟

中国教育出版传媒集团

高等教育出版社·北京

前言

"文化"这个字眼似乎人人都懂，但是谁也解释不清。连百度百科都说："给文化下一个准确或精确的定义，的确是一件非常困难的事情。对文化这个概念的解读，人类也一直众说不一。"虽然作为数学家，专业上应该讲究搞清楚定义，但是对于"数学文化"里的"文化"该如何定义，我就给自己一点可以放肆的模糊空间吧！

其实定义也不过是要给概念画条边界，然而即使边界画不明确，依旧能够大体掌握疆域里主要的山川风貌。说起"文化"少不了核心主角"人"，因为人的活动产生了文化的果实。再者，"文化"不会只包含物质层面的迹证，必然在精神层面有所彰显。最后，"文化"难以回避价值的选择，"好"与"坏"的尺度也许并非绝对，但是对于事物以及行为的品评总有一番取舍。

伽利略在其著作《试金者》(*Il Saggiatore*) 中，曾经说过一段历久弥新的名言："自然哲学写在宏伟的宇宙之书里，总是打开着让我们审视。然而若非先学会读懂书中的语言，以及解释其中的符号，是不可能理解这本书的。此书用数学的语言所写，使用的符号包括三角形、圆以及其他几何图形。倘若不借助这些，则人类不得识一字，就会像游荡于暗黑迷宫之中。"虽然宇宙的大书是用数学的语言来表述的，但是人类学习它的词汇却历经艰辛。数学令人动容的地方，不仅是教科书里那些三角形、圆形和其他几何图形各种出人意表的客观性质，还有那些教科书里没有余裕篇幅来讲述的人间事迹。那里不仅包含个体从事数学探秘的悲、欢、离、合，也描绘了数学新知因社会需求而生，又促进了历史巨轮的滚动。数学这门少说有三千多年历史的学问，是人类精神文明的最高层次产品，不可能靠设计难题把人整得七荤八素而长存。一出人间历史乐剧中，数学绝对是让它动听的重要旋律。

因此，谈论数学文化先要讲好关于人的故事。在这套《数学文化览胜集》里，我将从四个方面观察数学、人文、社会之间的互动胜景。我把文章划分为四类：人物篇、历史篇、艺数篇、教育篇。

我喜欢《人物篇》里各章的主角，因为他们都曾经在当时数学主流之外，蹚出一条清溪，有的日后甚至拓展开恢宏的水域。我喜欢历史上这类辩证的发展，让独行者的声音能不绝于耳，好似美国文学家梭罗（Henry Thoreau, 1817—1862）在《瓦尔登湖》（*Walden; or, Life in the Woods*）中所说："一个人没跟上同伴的脚步，也许正因为他听到另外的鼓点声。"[1]这种个人偏好当然也影响了价值取向，我以为在数学的国境内，不应该有绝对的霸主。一些不起眼的题材，都有可能成为日后重要领域的开端。正如美国诗人弗罗斯特（Robert Frost, 1874—1963）的著名诗作《未选择的路》（*The Road Not Taken*）所描述：[2]

> 林中分出两条路
> 我选择人迹稀少的那条
> 因而产生了莫大差别

如果数学的天下只有一条康庄大道，就不会有今日曲径通幽繁花鼎盛的灿烂面貌，我们应该不时回顾并感念那些紧随内心呼唤而另辟蹊径的秀异人物。

延续《人物篇》所选择的视角，在《历史篇》中尝试观察的知识现象，也多有不为主流数学史所留意的题材。其实

1 If a man does not keep pace with his companions, perhaps it is because he hears a different drummer.
2 Two roads diverged in a wood, and I —
   I took the one less traveled by,
   And that has made all the difference.

历史发生的就发生了，没发生的就没发生，像所谓的"李约瑟难题"，即近代科学为什么没有在中国产生这类问题，不敢期望会取得终极答案。历史的进程是极度复杂的，从太多难以分辨的影响因素中，厘清一条因果明晰的关系链条，这种企图对我来说没有什么吸引力。我只想从涉猎数学史的过程里寻觅一些乐趣，感受那种在前人到过的山川原野上采撷到被忽视的奇花异草的欣喜。

第三篇的主轴是"艺数"。"艺数"是近年来台湾数学科普界所新造的名词，它的范围至少包含以下三类：(1) 以艺术手法展示数学内容；(2) 受数学思想或成果启发的艺术；(3) 数学家创作的艺术。数学与艺术互动最深刻的史实，莫过于欧洲文艺复兴时期从绘画发展出透视法，阿尔贝蒂 (Leon Battista Alberti, 1404—1472) 的名著《论绘画》(*De Pictura*) 开宗明义："我首先要从数学家那里撷取我的主题所需的材料。"这种技法日后促成数学家建立了射影几何学，终成为 19 世纪数学的主流。以往很多抽象的数学概念，数学家只能在脑中想象，很难传达给外行人体会。但是自从计算机带来的革命性进步，数学的抽象建构也得以用艺术的手法呈现出来。第三篇的诸章有心向读者介绍"艺数"这种跨接艺术与数学的领域，也让大家了解在台湾所开展的推广活动。

第四篇涉及教育方面的观点与意见。此处"教育"涵盖的范围取宽松的解释，从强调小学数学教育的重要到研究领域的评估，由事关学校的正规教育到涉及社会的普及教育，虽然看似有些散漫芜杂，但是贯穿我的观点的基调，仍然是伸张主流之外的声音，维护多元发展的氛围。

本套书若干篇章是改写自我在台湾发表过的文章。有些史实不时会提到，行文难免略有重叠之处，然而也因此使得各章可独立品味。只要对数学与数学家的世界感觉好奇的人，都可以成为本书的读者，并无特定的阅读门槛。这是我在大陆出版的第一套书，行文用词习惯恐有不尽相同之处。另外，个人学养有限，眼界或有不足，都需读者多包涵并请指正。

李国伟

写于面山见水书房

2021年5月

证明的流变

一、给予证明实在的描述

公元前1600年左右，巴比伦人已经知道后世所谓的毕达哥拉斯定理，以及解二次方程的方法，但是在流传下来的记录里，我们看不到证明的踪迹。也许巴比伦人有过证明，但是他们认为证明没有结果本身重要，因此不曾记录下来，或者更可能的是他们并没有证明。

一般所谓证明的范式，是古希腊欧几里得在《几何原本》中展开推理的模式。虽然已经无法详考《几何原本》里哪些部分是欧几里得的原创，但是可以确定这种组织知识的手法，已经建立在某些先驱者的成就基础上。其中有几条重要的线索约略可以辨识：

1. 爱奥尼亚（Ionia）学派的泰勒斯（Thales）活跃在欧几里得之前约三百年的时代，经常被认为是最早以抽象观点看数学，并且开始给出演绎式证明的人。接下来毕达哥拉斯学派除了发现著名的毕达哥拉斯定理外，还发现不可公度量（incommensurable magnitude）以及五种正多面体的存在性，这些都成为《几何原本》的重要内容。毕氏学派紧密联系算术与几何的特色，也深刻地影响了《几何原本》的取材与风格。

2. 雅典的辩者首先提出几何作图的三大难题，把几何从实际应用拉向思维科学的方向。而作图工具仅限于尺、规的作法，更在《几何原本》里得到形式上的规定。他们为了解决"化圆为方"的问题，提出了穷竭法（method of exhaustion），该方法后来经过欧多克索斯的改进与严格化，也被《几何原本》吸收为一种重要的证明方法。

3. 埃利亚学派（the Eleatic School）的芝诺提出四个悖论，迫使哲学家与数学家深思涉及无穷的问题。《几何原本》回避了实质无穷可能造成的困局，基本上从有限的概念出发，凡是需要无穷的地方，改以没有固定上界取代。

4. 柏拉图学派特别强调几何的训练，学习几何可以强化逻辑思维的能力。柏拉图的门徒亚里士多德则是形式逻辑的奠基者，为几何学建立在严密逻辑系统之上创造了必要的条件。就是在这种学术传统与环境中，极可能只有曾经在柏拉图学园受教的欧几里得，才能完成把古希腊数学知识集大成的工作。

《几何原本》第1卷先介绍了23个定义，不过开头的7个其实只是几何形象的直观描述，后面推理并没有使用到。接着是5条公设，给出最基本的几何性质。再往后是5条公理，规定量的相等、加减、大小的基本性质。此后12卷虽然另有新的定义，但全书的命题、引理等的证明，都由这10条公设、公理，经过演绎逻辑的程序所得到。也就是说，《几何原本》是最早完成公理化的数学体系，这种表述方式对此后两千年数学的影响极为深远。

《几何原本》的公理化并非完美无缺，譬如基本定义有含糊不清之处，像直线的定义是："它上面的点一样平放着的线。"也有公理不完备的地方，譬如在作等边三角形时，欧几里得其实需要假设两个圆相交，所缺的连续性公理要等两千年后才由希尔伯特补上。我们当然不应以后人的成就来贬抑欧几里得的贡献，但是必须指出《几何原本》所达到的令人称颂的逻辑严谨性，是相对于当时的知识背景所作的衡量，并不是一种绝对的属性。

以《几何原本》的严谨性程度作为评判的基准，会发现古典数学的发展并非处处循规蹈矩。譬如牛顿发展出流数法或莱布尼茨定出微分，来处理所谓的无穷小量。18世纪贝克莱主教说这些无穷小是"已逝量的阴魂"，成为一句讽刺微积分最有名的话。但是我们从史实上知道，运用无穷小的证明方法有强大的威力，使得数学在希腊黄金时代之后两千年，才有一次真正本质上的跃升。在某些技巧精熟的数学家手里，无穷小帮人得出许多有用的结果，让人类开始有能力掌握流动变化的量。如果这些数学家拘泥于欧几里得公理法的严谨性，一步也不敢逾越雷池的话，这种革命性的进展是不能想象的。

虽然欧几里得风格的公理化方法仍然是当今数学家共同接受的表述数学真理的方式，但是如果只从公理法的角度来看证明，很多有关数学思维活动的真相便会被遮蔽。开创现代组合数学新趋势的罗塔（Gian-Carlo Rota, 1932—1999）认为平日我们对数学证明的描述，虽然不能说是错误的，但是不够实在或真实。他建议采用胡塞尔（Edmund Husserl, 1859—1938）的现象学方法，来实在地描述证明。他建议依循如下的准则：

1. 实在的描述应该把隐藏的特征揭示开来。数学家传的道并不是他们实际的行为，他们很不愿意坦白承认自己每日的工作实况。

2. 对于一些平常置身于背景里的边缘现象，应该强调其重要性。数学家闲聊时会涉及理解、深度、证明的类别、清晰程度以及许多其他的字眼，严格讨论这些字眼的角色，应该是数学证明的哲学的一部分。

3. 现象学的实在主义要求不能用任何借口，把数学的某些特征贴以心理的、社会的或主观的标签，而从探讨的范围内排斥出去。

4. 任何规定性的预设都应该滤除。一种对数学证明的描述常常暗含了作者对于证明应该是什么样子的要求。虽然很困难甚至包含潜在危险，但是我们仍然有必要采取严格的描述态度。这种态度有可能导致令人不愉快的发现，例如：可能会认识到没有任何一种特征为所有数学证明所共享；或者可能不得不承认矛盾是数学真实面貌的一部分，是与真理肩并肩共存的。

类似的想法也由另一位著名数学家麦克莱恩（Saunders Mac Lane, 1909—2005）表达过，他认为证明当然是数学最中心的议题，因此似乎应该有一套生机勃勃的"证明论"。其实叫作"证明论"的理论早已存在，它起源于希尔伯特想用有限性方法证明古典数学的正确性。1957年，在康奈尔大学召开的一次研讨会中，证明论与模型论、递归论、集合论被正式认定为数理逻辑里的四大部分。但是这种证明论过分狭隘，无法作为整个数学活动的支柱。麦克莱恩认为："真正的证明并不是一个简单的形式化文件，而应该是一系列的观念与洞识。证明论研究的主题，应该包括理解和组织在做数学证明时的各类洞识和它们巧妙的组合。"不过麦克莱恩同时也承认到目前为止，这种方向的严肃哲学工作做得实在太少了。

二、有关证明的新讨论

对于一般数学家而言，宁可发表数学论文，也不愿多谈有关数学哲学的事。20世纪前半叶英国著名数学家哈代的话可作为一种代表，他说："让一位职业数学家写议论数学的文章，是颇令人沮丧的事。数学家的职责是要做点事，证明新定理，加些东西到数学里，而不是谈论他自己或别的数学家做过什么。……解说、批评、鉴赏之作，都是次等心智的成品。"因此当不少数学家讨论数学证明，而不是在证明数学定理时，即使这种讨论还没达到麦克莱恩希望的严肃哲学工作，也是颇令人值得注意的现象。

1993年，贾菲（Arthur Jaffe, 1937—　）与奎恩（Frank

Quinn，1946—　）在《美国数学会志》上发表了一篇引人议论的宏文，讨论思辨（speculative）方法在数学里可以扮演的角色。他们认为有关数学结构的信息可以在两个阶段中达成，第一阶段发展直觉的洞识，做出推测以及揣度将其合理化的途径；第二阶段修正推测并进而加以证明。他们把直觉与思辨阶段的工作叫作理论数学（theoretical mathematics），把以证明为核心的阶段叫作严格数学（rigorous mathematics）。数学发明的开端工作需要思辨与直觉，与自然科学里的理论工作相仿，因此称其为理论数学。自然科学的理论需要以实验来验证与改善，数学则以证明来完成同样的任务。他们说："证明达成两种目的：第一，证明提供一条保证数学命题可靠性的道路，好似其他科学利用实验室验证所做的检查；第二，寻找证明过程里所产生的副产品，经常会导致新的洞识或不曾预期的新材料，也跟在实验室里发生的情形相似。"

　　贾菲与奎恩以物理学为对象，说明思辨方法的意义与重要性。历史上物理学与数学曾有很密切的互动关系，但是因为当代数学严格化、抽象化的结果，使得在一段时间里，物理学家虽然仍旧使用许多数学，但在工作态度上却与数学家大异其趣。然而最近数十年间，物理学与数学发生了很微妙的新的互动关系。首先是一些理论物理学家运用数学工具，发展出像弦论、保形场论、拓扑量子场论、量子重力等理论。从这些理论导出的可以用实验验证的事件，都还在目前实际实验能力的范围之外，因此实验物理学家对这些成果持有保留的态度。然而理论物理学的结果却刺激数学家开辟了许多新的天地，譬如用费曼路径积分或量子群表示来理解三维流形上纽结的多项式不变量。这些数学家正是运用大胆揣测以及不严格的思辨方法，达成数学上的突破。其中佼佼者像威滕（Edward Witten, 1951— ）还获得了国际数学联盟的菲尔兹奖。这一类的数学工作可以说就是贾菲与奎恩所谓的理论数学。在这种活跃的交流中，一些标以"定理"或"证明"的东西，基本上是思辨而非严格论证的结果。贾菲与奎恩很担心如果没有建立新的工作规范与价值，把这段新的蜜月期导入一个稳定健康的发展轨道中，很可能在一阵热闹后，彼此又挥手说再见了。理论物理学家重新投入实验物理学家的怀抱，而数学家则要清扫一大堆不严谨的残余物，思辨方法的积极意义甚至都会遭致抹杀。贾菲与奎恩论文的主要建议就是要提供一种框架，在其中可以使思辨产生健康正面的作用。他们也提出了三项具体做法：

理论性的工作应该明确说是理论性、不完整的工作。最后完成严谨步骤来证实理论性工作的人，应该给予相当大的肯定。

论文里称呼的方法应该照正常的规矩：在理论性工作中，定理应该改称推测，表明或建构应该改称预测，而非严谨的论证通常只能算是动机或支持性的说法。比较理想的做法是在题目或摘要里明确采用理论性、思辨性、推测性等字眼。

当完整论文被接受而确定会发表时，公告研究成果的简讯才可以刊登。论文中引用未出版的内容时，应该明确区分是简讯还是完整的稿本。

《美国数学会志》负责刊发贾菲与奎恩论文的编辑帕莱（Richard Palais, 1931—　　）主动向数学界邀集对该文可能的反响，结果产生了非常有意思的一份记录。在众家议论中，与本章主题最有关的是瑟斯顿（William Thurston, 1946—2012）的文章。他认为要知道数学家到底成就了什么，应先回答的问题是："数学家如何增进人类对数学的理解？"这里的重点是让"人"理解，有些运用大量电脑计算帮忙完成的工作，令人感觉不足的地方，并不是定理的真假或证明的对错，而是人不能对证明的深刻理解。

一种过于简化但是却相当流行的观点，把数学的世界刻板地描绘成"定义—定理—证明"三部曲的回旋，这种模式没有说明数学问题的来源。贾菲与奎恩的思辨方法，也就是他们称之为"理论数学"的东西，加入了一项重要的成分。思辨方法是用来产生问题、制造推测、猜想答案以及试探什么会是真的。但是他们未曾深入一个问题，就是这些行动到底所为何来？我们并不是为了满足某种抽象的生产指标，而要造出一定数量的定义、定理、证明。所有这些作为是要帮助"人"理解数学，以及更清楚、更有效地思考数学。

"人如何理解数学？"是一个不好回答的问题。理解的过程是一种相当个体与内在的经验，既不易自我检视又不易传达于人。瑟斯顿举了函数的微分为例，说明逻辑上等价的几种定义，却带来迥然不同的心理图像。人的智力功能似乎分装于个别的模块，彼此共同工作相互"对话"，而不是在一条生产线上单向地进行思考。瑟斯顿区分了几种特别与数学思维有关的心智功能：

1.语言：不仅是沟通的工具，也是思想的工具。数学的符号式语言与人类普通的语言是密切相关的。

2.视觉、空间感、运动感：人类的官能很容易接收视觉或运动的信息，然后运用空间感思考。但是反方向把有关空间的思考，转化为二维空间的图像时就比较困难。因此数学家在论文或书籍里展现的图像，远比在他们头脑中出现过的少。

3.逻辑与演绎：数学家思考时并不依赖演绎法的形式规则，他们在脑海中把证明分割为可处理的小段落，以避免同时照顾太多的逻辑问题。

4.直觉、联想、隐喻：感觉到东西但不知它从何而来（直觉）；感觉到某个状况跟另一个状况相似（联想）；同时在脑中有两件东西，建立与测试它们之间的关联与比较（隐喻）。这些能力对数学研究非常重要，不应受到逻辑与文字能力的压抑。

5.刺激—反应：像小孩背九九乘法表，必须纯熟到不假思索就可给出正确答案。数学家对于研究对象的基本性质，往往也需要熟练到应声而出的地步。

6.过程与时间感：人类对于时间与进程的感知，有助于数学思维的进行。譬如函数常被当作定义域到值域的过程或活动。

数学理解的传达也是一项复杂的历程，表面上看数学世界有共同的语言，包括了符号、技术性的定义、计算、逻辑。这套语言可以有效地传达某些类，但绝不是全部的数学思维。数学知识与理解其实编织在数学共同体的社会与心智的脉络里，文字的记述支持了这种知识的存续，但文字并不是最基础的部分。通过人与人之间理念的交流，数学知识的可靠性获得了保证。数学家检验"证明的形式化论证,虽然也是一种巩固数学知识的方法,但是数学知识的生命真正来自数学家的思想活动,缜密而具有批判性的思维交流"。瑟斯顿的观点突显了证明在传达数学知识中的作用,而这种作用得以有效发挥不在于它的形式性与逻辑性,而在于它所存在的数学共同体的网络结构。

三、证明之死?

在贾菲与奎恩的论文发表之后,另外引起大家热烈讨论证明的文章是《科学美国人》杂志里霍根(John Horgan,1953—)的一篇名为《证明之死》的报道。这篇文章虽然不是学术性的研究论文,不过它所报道的当代数学界的一些趋势,却是不容忽视、值得反思的。

霍根认为数学家应该接受一项科学家与哲学家早已接受的事实,就是有些他们所断言的事,只是暂时为真,也就是在被揭露为假之前为真。这与传统上认为数学里"一旦证明为真便无所置疑"的看法大相径庭。这种不确定性的主要来源有二:

1.数学里的证明愈来愈复杂。例如,怀尔斯(Andrew

Wiles, 1953——)有关费马大定理的工作长达200余页, 虽然最初宣称证明了该定理, 但是不久似乎碰上了难以跨越的障碍, 所幸后来逐一克服。又例如, 有限单群的分类, 在漫长的发展时间里, 不同工作者的论文累积有1 500页以上, 其中出小错的概率绝对大于零。

2.电脑的介入。有些证明 (譬如四色定理) 用了大量的电脑计算, 以致人力根本无法再验证这个证明到底对不对。也有些证明得到的结果是成立的概率高到几乎不必置疑, 譬如某些鉴定素数的算法或称为 "透明证明" (transparent proof) 的一类机械证明方法。更有一些创新工作是利用电脑图像的技术, 帮助展现一些数学的真理。

霍根的说法一出便引起不少议论, 一些知名的数学家批评他根本没搞懂某些数学的事实, 特别是克朗兹 (Steven Krantz, 1951——) 更是大加挞伐。如果霍根所讲的毫无根据, 也用不着这些数学家口诛笔伐了。可见他所报道的情形确实触及一些令人不明、不安而值得思考的现象。柴尔伯格 (Doron Zeilberger, 1950——) 是一位颇有成就的组合数学家, 他对于半严格的证明就提出了正面的意见, 他以夸张的口吻说在2100年的论文摘要中也许会出现下列文字: "我们以某种精确的意义证明哥德巴赫猜想正确性的概率大于

0.999 99，而要完全确证需花100亿元。"这种把定理加价码的方式，与贾菲和奎恩建议的加标签方式，可说是有异曲同工之妙。柴尔伯格最后给出结论："当越来越要花更大的价钱去找到绝对真理时，我们迟早会认识到不会有太多有意义的结果能达到老式观念认可的确定性。很可能最后我们甚至放弃标价钱的做法，而完全转型成为非严格的数学。"

在数学证明过程中，相当本质地运用电脑，是引起上面这些讨论的一个关键动机。我们再以具代表性的四色定理来看，四色问题原本推测，平面上的地图如果对疆域相邻的国家染以相异的颜色，则四种颜色便足够染任何地图。这个推测自1852年由古德里（Francis Guthrie, 1831—1899）提出后，一直到1976年才由哈肯（Wolfgang Haken, 1928—　 ）和阿佩尔（Kenneth Appel, 1932—2013）证明出来。他们的证明是运用电脑验证1 482个图形，确定其中之一必然在染色时出现，而且出现时可用归纳法来达成染色，整个过程需要上千小时的计算时间。在哈肯和阿佩尔的证明里，电脑并不只是一个辅助计算的工具，它还是证明中不可少的一部分。因为这部分是人力无法验证的，所以有些数学家不愿意承认它是可接受的证明。哈尔莫斯（Paul Halmos, 1916—2006）甚至说："这个证明根本是靠神谕（oracle）获得的答案，我说要打倒神谕！它不是数学。"

哈尔莫斯对电脑参与证明的厌恶感，并非停留在计算过程太庞大芜杂使人无法验证的层次，他认为电脑证明并不能产生真正的理解，所以他的批评焦点不是针对逻辑上的缺陷，而是针对一种知识论观点上的不圆满。因此他在讲前面那句话的同时更预言："我怀着信心希望电脑错失了正确的概念与正确的路径，我希望100年后四色定理将是研究所一年级学生的练习题，可以用当时为人熟知的概念在几页之间证明完毕。"为什么有人认为哈肯与阿佩尔的证明没有增加对问题的理解呢？根本的原因是他们的方法似乎无法推广到其他的问题上，一时也没有引起新的理论进展。其实这种现象在完全用人证明的数学难题里也一样会发生，而且我们不能深刻理解并加以推广的是整个证明的结构，并不在于电脑从事的苦力部分。因此像哈尔莫斯之类的批评，是有过分夸大电脑在证明中扮演角色的嫌疑。不过他们要求证明更平凡化，却是合理而应给予回应的呼声。

四、从认知角度看证明

证明的平凡化其实是数学发展史上极度重要的活动，罗塔恐怕是第一位从这个角度深刻观察证明的人。他认为数学的真理远超出逻辑学里所谓的真理，后者只能说是一种验证（verification）。数学的真理与物理的真理，或者化学的真理并无本质上的不同。从现实世界的事实里，数学解析出它的真理。这些事实并非全然可以预期，也不是人或者任何公理系统随心所欲定下来就有意义的。

　　但是数学真理却有另外一个方面平常是会被人忽视的。罗塔以证明素数定理的历史为例，说明这种新的角度。最初高斯经由大量的计算结果，推测出素数分布的状况，而形成了所谓的素数定理。自此之后，几乎无人怀疑过高斯推测的正确性。但是到19世纪末，阿达马（Jacques Hadamard, 1865—1963）与布桑（Charles-Jean de la Vallée Poussin, 1866—1962）才分别独立证明了素数定理，而且运用了当时最新的复变函数论才克服了困难。复变函数论最初是为了解决几何与分析的问题发展出的学问，为什么会与距离极远的数论产生关系，确实非常令人惊异而感觉困惑。此后的半个世纪，相当多的数学家简化、发展以及重新证明了素数定理。特别是20世纪30年代维纳发展出了一套数学分析里的陶贝尔型（Tauberian）定理，可以给素数定理一个概念上比较深刻的证明。维纳的证明使人首度感觉"初等方法"，也就是不用函数论的方法，就可能足够证明素数定理。果然后来爱多士（Paul Erdös, 1913—1996）与塞尔伯格（Atle Selberg, 1917—2007）分别完成了初等证明，初等证明虽然初等，但绝不简单，论文长达50多页。在爱多士与塞尔伯格之后，简化素数定理证明的工作一直有人从事，到1997年扎吉尔（Don Zagier, 1951—   ）在较通俗性的《美国数学月刊》上，只用不到4页就证明了素数定理，让人觉得应该已经简化到头了吧！

素数定理证明的演化历程表明，用罗塔的话来说，数学不计代价所追求的目标，不仅是真理，而且是显而易见的事实（triviality）。他也转引哈代的话说，"每一个数学证明都是一个揭穿真相（debunking）的过程。"因此罗塔认为数学关心的不仅是"看到"数学命题的真假，而且是要"看透"它的真假。所觅得的"显而易见事实"，往往是花费九牛二虎之力后的报酬。从这种观点来看，数学证明并不是一种工具，把脑中神经元摆布联结好，我们就被说服了；也不是在一种事先设计好的逻辑里，玩弄推演的游戏。数学证明倾向修辞（rhetoric）更甚于倾向形式逻辑，因此数学推理的哲学应该是证据哲学（philosophy of evidence）的一章，其中现象学应该扮演比逻辑更重要的角色。

从现象学或认知的角度看证明的还有提森（Richard Tieszen, 1951—2017），他认为证明供给数学经验的证据，他更强调这种证据不可能是超越经验或认知的。我们学习数学知识时，如果只是机械性地跟着证明里的推导步骤走,那么我们并没有真正了解一个定理。当我们想通了的时候,才"看到"定理的真,也才掌握提森所谓的证据。所以证明必然涉及意义,是语义的(semantic)建构,而不只是语法的(syntactic)建构。以这种观点来看,证明最初必然是一种行动(act)或过程(process),之后自身才成为一种对象(object)。所以掌握"证据"也就是使数学的意向(intention)得以实现。提森的基本看法便是:"证明就是数学意向的实现。"借用康德的口吻来说,"在数学里,缺乏证明的意向是空洞的,而缺乏意向的证明是盲目的。"这与人类认知的功能基本上是一致的,因此数学意向的实现并不会落入一种唯我的、个别的混乱"证据"中。提森对证明的说法,不会与数学知识的社会性发生矛盾。

五、证明是说服过程

综合上面的讨论,我们可以看出证明虽然有一个理想的型,但是实际的状况却有更丰富与复杂的内容。欧几里得安排证明的方式,如果从形式化的角度推进,可以发展出各种涵盖范围及包容度不同的系统,捕捉了数学家日常从事数学工作的某些方面。这类工作的影响可从三方面来看:

1.对于形式化系统本身的性质加以研究，这基本上是一种后设的研究，也就发展出"证明论"的领域。

2.形式化的手法用到计算机科学的研究，可以发展检错或确保系统正确的自动化。可以形式化的片段，无论是普通推理，或是涉及可能性、价值观、时间性的各种模拟，都有可能在人工智能的应用上实现出局部近似智能的行为。

3.于形式化的数学系统上，使用机器自动证明来获取新的数学定理。

前两者的效果是比较明显的，但是最后一项的工作并不如预期顺利。数学家虽然用电脑帮忙作证明，但是还没完全把证明的任务交给电脑。事实上到目前为止，电脑未曾发现什么非常有深度的定理。在电脑领先人证出定理方面，最近才有一点突破。

把欧几里得的工作导引往非形式化的方向观察，更能帮助鉴赏数学史上的生动活泼篇章。证明既然要确保一般事实陈述是可靠的，严谨性是很自然的基本要求。然而首先我们要了解的历史真实状况显示，严谨性本身也有一个辩证演化的过程，而且并不是单线往愈来愈严谨的方向发展。其次我们要认识严谨性的起伏变化，是在一种社会因素的基层上流动的，也就是一种相对于数学共同体的传信标准。要深刻体会这个层次意义，我们需要再检视一下数学这门学问的本质。

数学到底是一门什么样的学问，从"数学是研究数与形的科学"开始，也有一个认识层次逐步提升的演化，最新的认识可归结为："数学是研究模式（pattern）的科学。"模式所反映的是现实世界里的事实与关系，证明的主要作用在于说服人接受某个模式的反映是正确的。因此如果要用一句简洁的话来说，我们可以说："证明就是一个说服的过程。"既然是一个说服的过程，就有说服的主体与受体，因此证明必然是一种行动、有一番历程。而且说服有意向的范围，也就带进来证明的社会因素。当证明以某种逻辑的组织方式表达出来时，它其实是这种说服行动的一张快照，或者说是放映中的电影的停格，捕捉了思想流动中一个冻结的切面。这样的做法是数学知识在传达过程里，有时不得不采取的手段。套句陈腔滥调的说法，它是证明的皮相而非证明的精髓。同时我们可以看出这种表达方式的周密性、严谨性，都是一些相对的概念，有赖于所诉诸的证据，在游说的对象中，是否已为其深信不疑而定。

把证明放在社会与历史的脉络中观察，把证明聚焦在"说服过程"的作用来检讨，我们首先会得到一种启发，就是对中国古代数学意义的重新诠释。从欧几里得的证明范式来看，中国古算似乎没有证明的迹象。如果我们从"证明就是一个说服过程"的观点来看，在中国古代的文化脉络里，一些算经所传达的数学知识的正确性，具有极强的说服力。像刘徽给《九章算术》做的精辟注解，内容包含丰富的说理方式，他灵活地运用直观、模拟、观察等手法，充分展现数学知识的生命力，发扬了知识创造的活性。这种把数学知识活出来的自由气息，也是前面提到贾菲与奎恩的论文，或者柴尔伯格的文章中，不怕冒一般数学家的忌讳，而愿意鼓励的。

因此欧几里得的证明范式有其历史的偶然性，就是因为在希腊哲学发展上，碰到一些令他们感觉可疑之事，特别是由不可公度量衍生的矛盾现象，影响了他们用来说服人接受某些数学知识的方法。希腊人并没有在处理所有数学知识时，都严格遵照同一范式。而在中国古代的思想氛围中，既然没有感受到类似希腊人的疑惑，因此数学真理说服人的过程，也就采取了不同的手法。正如瑟斯顿认为证明有效传达数学知识的作用，不在于发挥形式性与逻辑性，而在于它所存在的数学共同体的网络结构。因此，我们可以总结说，其实中国古代数学世界的证明，是从来也不曾虚空的。但是戴错了眼镜，就可能看不明白它的存在。

"不解"之解，是解吗？

　　吕不韦是战国时期的风云人物，他本来是个大商人，有敏锐的投资眼光。他看上了在赵国当人质的秦国公子，认为"奇货可居"，一路扶持他当上了秦国国君，自己也登上了相位并封为侯。据传说他是秦始皇的真正父亲，嬴政13岁继位时，尊称吕不韦为"仲父"。吕不韦在权力高峰时，招揽门客于公元前239年编写成《吕氏春秋》一书，以道家黄老思想为主，并且收录儒、墨、法、名、农、阴阳各家言论，是所谓杂家的代表作。

　　《吕氏春秋》在《审分览·君守》中有如下的记载：

　　鲁鄙人遗宋元王闭，元王号令于国，有巧者皆来解闭。人莫之能解。儿说之弟子请往解之，乃能解其一，不能解其一，且曰："非可解而我不能解也，固不可解也。"问之鲁鄙人，鄙人曰："然，固不可解也。我为之而知其不可解也。今不为而知其不可解也，是巧于我。"故如儿说之弟子者，以"不解"解之也。

这段故事说的是在宋国元王主政时，鲁国一位乡野人士献上"闭"，也就是某种复杂的结，元王便号召能人巧匠来解结。儿（ní）说（yuè）是宋国善辩的人，久居齐国稷下，也就是主张"白马非马"辩倒其他学者的那位仁兄。儿说的徒弟自告奋勇去解结，能解开其一，却解不开另一个，他说："并非我解不开这个结，而是它根本是不可解的。"献结的鲁国人得知此事便说："我制作的这个结，所以知道不可解，那人现在没有亲手制作结，也知道不可解，真是比我还巧呢！"《吕氏春秋》认为这是"以'不解'解之也"。

《吕氏春秋》所以能下"不解"的结论，其实不言而喻预设了只准用双手松开结。否则像古希腊传说中的戈尔迪之结（Gordian knot），大家都无法找到绳头把它解开，但是碰上了亚历山大大帝根本不管那些规矩，一刀就把绳结斩断，也算是解开了。所以能不能解，要看所允许的手段如何界定。

研究结的性质在当代的科学里有重要的意义，例如摩登的物理理论认为物质世界的基本素材是弦状物，有些弦就有可能打结。又例如生命的遗传物质DNA，相对于细胞的体积而言，它有惊人的长度，所以必须扭曲缠绕紧缩在细胞里。因为经验科学的需求，以及数学本身的动机，使得结能不能解开，成为当代数学里引人入胜的研究课题。

如果用一段绳子来打结，因为两端有绳头可以自由穿梭，所以只要把打结的过程倒着走一遍，绳结便能解开，就不会产生"不解"之结。如果把绳子两端黏合在一起，绳结就变成一个封闭的回路，产生了所谓的"纽结"（knot）。有些纽结经过适当的操作，可以松解开成简单的圆圈，也就是把结解开了。但是有些纽结不管怎么绕来绕去，在不把绳子扯断的情况下，无法还原成一个圆圈。最有名又最简单的三叶结（trefoil knot），便是可以用数学证明解不开的纽结。

左图：左手三叶结；右图：右手三叶结

不过数学家讲的绳子是极度理想化的绳子，其实就是一条曲线，只考虑它的长度却不考虑它的粗细，并且允许把它随意地拉长或扭曲。对物理学家而言，这种理想化的绳子根本不存在。一旦把绳子的长短、粗细、弹性与摩擦力等具体条件考虑进去，即使根据数学理论解得开的纽结，也有可能在现实的世界里无法解开。《吕氏春秋》里的不解之结，如果真有其事，应该会是这种类型的结。那么天下会有解不开的纽结吗？

波兰波兹南（Poznań）科技大学的物理学家皮蓝斯基（Piotr Pieranski）与瑞士洛桑（Lausanne）大学的生物学家斯塔西亚克（Andrzej Stasiak）携手研究实体的半径固定的纽结，皮蓝斯基在1998年开发出SONO（Shrink-On-No-Overlaps）的计算机软件，它能仿真解开实体的绳结。SONO的功力高强，所向披靡，解开了先前有人提出的难解纽结，但是在2001年SONO终于碰上下图中解不开的实体纽结。皮蓝斯基相信任谁也没能力解开这个怪结，只是他无法用严格的数学证明自己的猜想确实为真。因此在理想世界可解却在现实世界不可解的纽结，仍在待定。

数学里想要证明某个问题绝对无解时，必须先明确规范好用来解题的可能手段。譬如古希腊有名的三大难题：化圆为方、倍立方体、三等分角，如果只准用圆规以及无刻度的直尺来作图，则它们都是不可解的。当我们知道什么是不可解的时候，往往会带来知识上的重要飞跃。例如，19世纪数学家严格证明三大难题的不可解性，因而更深刻地了解超越数的性质。又例如，古希腊毕达哥拉斯学派原本主张宇宙以"数"为本，所以对于任何两个量，都应该找得到适当的公用单位来整倍度量。然而寻找适当单位来整倍度量正五边形边长与对角线的问题，被毕达哥拉斯学派自己人证明根本不可能有解。这样的现象虽然使毕达哥拉斯学派的哲学信条崩解，但是希腊人也因此认识到有所谓"不可公度量"的存在。经过两千年的探讨发展，希腊人的不可公度量终于在19世纪开拓出"无理数"的严格理论。

"不可公度量"的辨识其实也可看作中西数学传统的分野起点，西方自此逐步走向用严密推理建立起的数学知识体系，而中国古典数学基本保持以致用为核心的方向。再次阅读《吕氏春秋》的"以'不解'解之也"的"不解"，一方面反映的不是穷根究底之后的可靠论断，但是从另外一个方面来想，能把"不可解"包含在解答的范围之内，其实也是一种突破。因为"可解"与"不可解"看似矛盾，但是在更高层次的观点来看，"不可解"消解了原来问题造成的困境，而使得认识得以提升。毕氏学派的不可公度量如此，欧几里得平行公理亦如此，数学里非常多的"不可能性证明"均可如是观。

19世纪英国一场几何教育的纷争

　　欧几里得（Euclid，约活跃于公元前300）是古希腊时代活跃在亚历山大城的杰出数学家，虽然人们对于他的生平事迹所知甚少，但是他的数学遗产《几何原本》，却是人类文明史上闪耀光芒的巨著。欧几里得将他之前诸多数学家的成果，加以简化精练并且用严密的逻辑思维组织起来。《几何原本》的表达形式始于定义、公理、公设，之后是一系列的命题、定理及其证明。每条数学真理的建立，都只依靠先前已经证明的真理，如此反复倒推回去，一切所能获得的真理，最终都建立在"不证自明"的起始公理与公设之上。这一整套以演绎法组织架构知识的方法，一般称为公理法。

　　欧几里得原著的《几何原本》已经佚失，最古老又流传最广的是亚历山大城的席恩（Theon of Alexandria，约335—405）所编辑的版本。《几何原本》共有13卷，内容包含平面几何、立体几何以及数论与不可公度量理论。在利玛窦与徐光启的中译本中只有前6卷平面几何部分，因此书名定为《几何原本》。《几何原本》可以说是有史以来最畅销、最有影响力的教科书，自1482年第一次发行印刷本后，版本数仅次于基督教的《圣经》。在长达两千年的时间里，《几何原本》成为数学教育的核心部分，早期仍属大学教育层次，后来渐次向下延伸，尤其是平面几何部分，最终达到初级中学。以英国为例，"到18世纪，几何已经成为英格兰绅士标准教育中不可或缺的一部分；再到维多利亚时代，几何也成为工匠、一般寄宿学校学生、海外殖民地臣民，甚至妇女教育中的重要成分……所使用的标准教科书就是欧几里得的《几何原本》。"

《几何原本》影响力所及之处不仅在于几何学，它的公理法演绎体系更成为精准稳固知识的标杆。例如：阿基米德的《平面图形的平衡》(*On the Equilibrium of Planes*)共有两卷，第一卷有7条公理，15条命题；第二卷有10条命题。此书记录了著名的杠杆原理，并且利用这样的物理原理，计算出各种平面图形的面积与重心。牛顿的划时代巨著《自然哲学的数学原理》也是从定义开始，然后列出公理，也就是运动的定律，后面的结果便以命题、引理、定理等形式出现。公理法的影响范围甚至超越科学的范畴，例如荷兰的哲学家斯宾诺莎（Baruch Spinoza, 1632—1677）的名著《伦理学》，书名的副标题就声明此书经由几何式的证明来建立体系。该书从6条定义出发，再接着罗列7条公理，之后按演绎逻辑推导出各种伦理命题。在现实世界活动中，比较令人瞩目的例证是1776年美国《独立宣言》主张拥有生命权、自由权与追寻幸福之权是"不证自明之真理"，留下欧几里得公理法影响的痕迹。

当19世纪的英国数学教育正笼罩在《几何原本》的巨大权威之下时，一种异议的声音逐渐萌芽。推动改变欧几里得式教育的活动，其实不纯粹基于学术兴趣，也有相当的时代背景因素。

从数学内部而言，因为非欧几何与射影几何的兴起，动摇了认为欧氏几何是关于空间的唯一真理这种信念。欧氏几何的平行公理，断言过直线外一点，存在唯一与原直线不相交的直线。但是现在人们发现即使替换为没有平行线，或者有无穷多条平行线，所得到的另类平面几何系统，会跟欧氏几何具有相同的逻辑一致性，从而描述空间几何性质的系统便丧失了唯一性。在射影几何里则必须讨论在欧氏几何里没有的元素，诸如无穷远点、无穷远线，而其所描述的空间结构更接近人们视觉里的状况。欧氏几何的唯一性一旦被打破，大家还要怎样学习《几何原本》，自然引起了议论。

从数学外部而言，19世纪的英国已经因为工业革命，使得大规模的工厂取代了传统手工生产，因而产生对于工程师的大量需求，并且不少工程师也要同时从事科学研究。以前科学家多出身贵族或富裕家庭，现在工商阶级的子弟也能跻身于科学家行列。例如普及进化论最为有力的赫胥黎（Thomas Huxley, 1825—1895）曾说过："如果我儿子要进入任何一行制造业，我不会梦想把他送入大学[1]，我应该把他送入一所学校，再让他去伦敦大学注册，他就可以全心从事科学研究了。"在这种氛围中，教育的内容更为倾向实用的需求，把欧几里得《几何原本》当作人文素养的教材，会显得不符合新兴中产阶级的胃口。

赫胥黎对于教育的基本立场，重视归纳方法的探究胜于辨认绝对的、固定的真理。声望很高的数学家西尔维斯特呼应赫胥黎的看法，认为这样的教育哲学观也可以支撑数学的教育。如此修正传统的见解，不可避免地激起了思想上的分歧。到了19世纪70年代与80年代，英国热爱数学的人士几乎都卷入了一场论争，焦点在于《几何原本》是不是教几何的最佳教材。1869年，西尔维斯特在不列颠科学促进会年会中以会长身份发言，呼吁放弃《几何原本》作为教材。他要求大家抛开"我们传统的、中世纪式的教学法"，也就是不再拿着欧几里得的书照本宣科，而应参照归纳科学那种充满生气的活泼教学法。他建议接受投影与运动作为学习几何的辅助，让学生早日接触连续、无限等观念，并且

1　意思是指牛津与剑桥大学。

熟悉各种想象对象的规律。也就是多加运用学生的直觉与体验，而不要在枯燥的逻辑推理中打转。西尔维斯特曾说："早年学习欧几里得的经验，使我成为几何的痛恨者。"

西尔维斯特看似激进的呼吁，得到了相当数量的响应。19世纪70年代在赫胥黎新创办的《自然》杂志里，充斥着对于新类型几何教材的评论，以及家长、教师、学生对于几何教学目标的意见。当然拥护以《几何原本》为教材的传统派也没有弃甲投降，两方的对阵可用威尔逊（James Wilson）与德摩根之间的笔仗为例。年轻的数学教师威尔逊在1868年出版了一本教材《初等几何》，他在序言里猛批欧几里得只专注如何使用最少的公理或公设推导出结果，从而牺牲了证明的单纯性与自然性，显得极度造作又冗长，无法带动真正的理解。威尔逊附和西尔维斯特的立场，认为应该以归纳科学的方式探究并学习几何，而不应该局限在形式证明的铁夹克里。欧几里得运用的逻辑推理过分精致，会让学习者以为深刻的推理都那么不食人间烟火，远远脱离了健康清晰的常识。威尔逊在自己的教材里，希望适度引导学生独立发现一些定理。年高德劭的德摩根是当时英国的数学权威，声望地位都远超过年轻的威尔逊，他觉得有责任出来捍卫欧几里得的价值。德摩根认为年轻人很容易自以为什么都知道，通常吸收得太杂而结论又下得太快，因此威尔逊依赖的"健康清晰的常识"，必须让所谓欧几里得"极度造作"的严密逻辑加以驯服，才能达成正确的理性思维。

其实，威尔逊与德摩根都没有否定几何教育的重要性，他们的分歧落在教育的方法与手段上。威尔逊希望较开明自由理性的观点能主导几何教学，而德摩根则希望更多领域能遵循几何的严格要求。德摩根在1871年就过世了，他的保守派大旗便由其他知名人士传承下去。例如牛津大学的道奇森（Charles Dodgson，1832—1898），他虽然是一位数学家与逻辑学家，但是最为世人称道的是他用笔名刘易斯·卡罗尔（Lewis Carroll）创作的童书《爱丽斯漫游奇境记》（1865）与《爱丽斯镜中奇遇记》（1871）。道奇森在1879年出版了《欧几里得与其当代对手》（*Euclid and His Modern Rivals*），强调学生学习欧几里得《几何原本》时，好像是在接受一种洗礼，进入一个两千多年的文化园地，那里面的名词、事物以及位置顺序都经过成百上千学者的阐述，早已变成有教之士的基本素养。因此不仅学习几何诚属必要，而且更应该遵守欧几里得安排的路径来学习。

数学教育改革派还面对一项严重障碍，就是普遍的统一性考试制度。在当时的英国，不管是军方或者公务人员的任用或升迁，经常需要通过标准化的考试来筛选。几何学考试的内容完全遵照欧几里得《几何原本》的内容，连定理的编号、证明的步骤都不得有所偏离。因此如果改革派想获取几何教育的主导权，必须迎合标准化考试的需求，也就是有必要开发一套清楚且普遍的几何课程标准，让考试时大家都有所遵循。1870年，36位公立学校的校长集会，倡议重新检讨《几何原本》是否适合作为教材。次年不列颠科学促进会成立了项目委员会来审视这项呼吁，并且组织了改良几何教学协会（Association for the Improvement of Geometrical Teaching，简称AIGT），该协会于1871年1月第一次集会。首届会长数学家赫斯特（Thomas Hirst，1830—1892）宣称全国公认需要一套新的几何教材，但是他也提醒大家不可操之过急，否则会出现像法国与意大利的状况，仓促的改革刺激了保守派的强势反扑。

为了提供考试时的统一标准，赫斯特建议协会的第一项任务，便是把几何定理编排出一个大家都能接受的顺序。实际定理的证明并不加以限定，允许教材的作者有发挥的空间，但是谁前谁后必须一致，如此在考试应答时才能在公认的基础上做逻辑推理。这样看似单纯的任务，执行起来也不容易。首先重视几何实用性的一批人，倾向针对不同的群体应该有相应其需要的课纲。例如准备从事建筑、测量、木工、机械的学生，使用像威尔逊较为符合常识的教材即可，没有必要被德摩根的严厉逻辑标准所折磨。几何的作图法就是一个具体例证，因为欧几里得作图所使用的工具中，直尺是不能有刻度的，但在现实生活操作中，这种限制大量增加了作图的步骤，同时又令人感觉毫无必要。但是赫斯特为了避免重蹈法国与意大利的覆辙，强调初等几何教材仍然须保持严谨的性质。经过多方的讨论修正，第一份课纲直到1875年才出版。这份妥协的课纲既难以讨好保守派，也没有充分满足改革派。最糟糕的是牛津与剑桥大学的考试仍旧遵从《几何原本》书中的定理顺序，间接设定了中学课纲所采取的顺序。面对如此强大的阻碍，AIGT虽然维持聚会并发行年度的报告，但是他们预见的革命性改变浪潮并没有出现，到1893年不得不中断出版年报。

1894年4月，AIGT的名誉秘书兰利（E. M. Langley，1851—1933）开始发行《数学杂志》（*The Mathematical Gazette*），目的是建立教师们之间的联系与交流，沟通关于有效教学的方法与途径。之后AIGT改换名称为"数学协会"（Mathematical Association），宗旨也扩大到促进数学教育的各方面，而不再局限于几何。"数学协会"与《数学杂志》迄今都是英国数学教育方面重要的机构与出版物。对于几何教学的关注并未在英国完全消亡，1901年长期任教于技术学院的佩里（John Perry）在不列颠科学促进会发表演讲，呼吁放弃赫斯特那种几何教学只有一种途径的信念。

基于多年从事实用几何教学的经验，佩里无法再忍受由纯数学家所掌控的考试体制。而且经过20多年的论辩，他也不再相信单一的真理论，他提出大家所需要的是教育的"宽容法案"，让那些不食人间烟火的纯数学家，继续过他们的神仙日子，但是像他这类要把数学原理应用到实际事务的凡人，应该有权走出纯数学家的主宰。佩里的演讲当场就受到热烈的欢迎，接下去与会人士居然讨论了3个小时，浮现的主旋律就是应该让教师从单一课纲的限制中解放出来。这场讨论的效应迅速扩散，不列颠科学促进会与数学协会都组织了委员会，向大学施压修改以欧几里得《几何原本》为依归的考试体制。到1903年剑桥大学终于不再要求必须遵循《几何原本》安排的定理顺序，其他大学也就相继跟随。欧几里得在英国教育的霸权竟然急速瓦解，最终社会把几何看作实用技能的教育观点，压倒了坚持几何教育价值仅在于博雅教育的势力。

现在回顾19世纪英国这场几何教育的纷争，其实也有现实意义。一方面考试引导教学仍然是东亚教育难以回避的困局，另一方面到底该让数学家，特别是从事研究的纯数学家，主导多少中小学甚至一般社会大众的数学教育方式，也是值得探讨的问题。英国数学教育界当年论辩所涉及的不少观点，于今还是具有一定的参考价值。

一生最重要的数学教育——小学数学

　　2014年底，台湾一篇新闻报道《6分之1中小学生学力不及格》让人感觉触目惊心。还好看完内文之后，才知标题有误导的嫌疑，其实计算不及格比率的基数并不是全体中小学生。教育当局实施中小学生补救教学方案，针对各班语文、英文、数学排名倒数35%的学生，检测他们上学年的基本学力，不及格的学生在家长同意的情况下，才得以接受课后的补救教学。如果以全体中小学生为基数来计算，则35%的六分之一约为5.83%。

　　以小学数学而言，实测学生不及格率如下表（出自2014年12月31日台湾《联合报》）：

年级	2	3	4	5	6	7
不及格比率	7.09	11.19	15.03	20.45	22.81	25.18

非常明显地可看出，小学数学原本成绩已经在后段的学生里，不及格人数直线上升达到近四倍之多。因为小学数学教育对每个人的一生都极其有用，如此的不及格率是不能接受的。

小学数学如何有用呢？斯坦（Sherman Stein, 1926—　）在《发现日常生活中数学的乐趣与威力》（*Strength in Numbers, Discovering the Joy and Power of Mathematics in Everyday Life*）这本书的第10章，报道了美国各行各业需要的数学能力。他参考《职业调查完全手册》将数学能力分为6级，其中第1,2级涵盖小学程度的数学。以1992年美国劳动人力1.21亿来观察，斯坦发现三分之二的人只需1,2级数学程度即可谋生。本来第10章的用意在于文末引用美国劳工统计局《职业展望季报》的话："数学能力愈强的人，不但可以选择的就业机会愈多，也愈能把工作做好。"但是，从另外一个角度来看，其实恰好凸显了小学数学对于大多数人的重要性。

2016年美国东北大学社会学教授韩德尔（Michael J. Handel）发表论文《人们上班时做什么？》。调查显示几乎所有人在工作中都需要用一些基本数学；但是除了计数与四则运算以外，其他数学题材的使用率便会降低。约有三分之二的人需用分数、小数、百分比，有22%的人会用层次稍高一些的数学，例如代数。按照韩德尔的分类，归入低阶白领职业的人，使用超过小学程度数学的比率甚至低于10%。从这些美国的调查与统计数据可看出，对相当大数量的劳动人口而言，最有用的数学就是小学教的数学。即使他们后来接受了中学的数学教育，那些知识也几乎派不上用场，只是数学程度高会比较容易通过人才筛选的关卡。

小学数学既然重要，台湾地区学生学习的状况又如何呢？

"国际数学与科学教育成就趋势调查"（Trends in International Mathematics and Science Study，简称TIMSS）每4年举办一次，对象为4年级与8年级（初中2年级）学生，目的在于了解数学与科学领域学习成就的发展趋势，以及文化背景及教育制度的相关性。台湾地区历届数学成绩排名如下表：

年级	2003	2007	2011	2015	2019
四年级	4	3	4	4	4
八年级	4	1	3	3	2

成绩稳定名列前茅，看来我们应该喝彩。然而TIMSS还调查了学生喜不喜欢数学、学生对于学习数学的自信以及学生认为数学有没有用，这些涉及学习态度的项目。2019

年的调查中4年级共有58个受测单位,8年级共有39个受测单位。下表列出台湾地区学生对数学学习态度的评比结果。

不喜欢学数学

年级	台湾地区(排名)	国际平均
四年级学生	41%(58)	20%
八年级学生	56%(34)	41%

学数学没有自信

年级	台湾地区(排名)	国际平均
四年级学生	44%(56)	23%
八年级学生	59%(34)	44%

认为数学无用

年级	台湾地区(排名)	国际平均
八年级学生	40%(58)	16%

台湾地区小学四年级学生在不喜欢数学与学习没有自信方面,约是国际平均的两倍。虽然学习成绩不错,但是学习心态不健康,难怪到八年级认为数学无用的人数比例竟然高居国际冠军。其实历届评量中显现成绩与态度的反差,

似乎成为台湾地区数学教育的常态，如此常态其实是非常令人忧心的一种病态！

因为小学数学教育不像初、高中那样受到升学的严重影响，所以四年级学童持负面态度的原因，必须从学习环境去了解。台湾大学数学系翁秉仁教授指出："在台湾，一般家长虽然怕数学，却很喜欢'干预'小学老师的教学。家长多半觉得自己会小学数学，因此可以'尽一份心'。但是他们干预的方式很简单，看到孩子不会做习题，就指导学生怎么算；厉害一点的，更直接把初中方法搬下来，却不做任何解释。问题是，除了数学老师之外的成人，多半觉得数学就是公式和计算，不需要解释（'反正你这样算就对了！'）。他们还会因此据理力争，为小孩向老师争取分数，造成许多教学困扰。"除了家长的干预外，不少学生还在补习班接受不断套公式计算的折磨，后果是抵销了老师正常教学的成效。这种帮倒忙的做法，除了归咎于把公式背诵等同数学学习，更基本的原因是对于儿童智力发展的理解欠缺。特别是"家长多半觉得自己会小学数学"，而轻忽了其中精微细致的概念层次。

以色列理工学院教授阿哈罗尼（Ron Aharoni，1952—　），在离散数学方面的成就国际知名，但他愿意花时间去小学教数学以了解实况。因为他有高深的数学修养以及研究创新经验，能针对小学数学发人所不能发的真知灼见。在他的书《给家长看的算术书》（*Arithmetic for Parents: A Book for Grownups about Children's Mathematics*）里，他说："我教小学时领悟出来一个道理，就是小学数学一点也不单纯，除了美之外还有深度。"换句话说："小学数学虽然不深奥，但包含智慧；虽然不复杂，却有深意。"所以要正确认识小学数学的重要性，首先应该建立对小学数学的虔敬之意。家长以及教师具有这种郑重其事的心态，才能贴近孩童感受他们学习中遭遇的困惑，才能发挥启蒙向导作用，并且从旁鼓舞好奇、探索、精进的士气。

美国的"数学战争"起源于1989年美国数学教师协会（National Council of Teachers of Mathematics，简称 NCTM）公布的《学校数学课程与评量标准》（简称《标准》），其中倡议的中小学数学教育改革方向深受建构主义影响。这套《标准》以及根据它所编写的教材，受到相当多专业数学家的强烈批评，媒体因而用"数学战争"描述双方论辩的激烈程度。这场战争最终导致《各州共同核心标准》（Common Core States Standards，简称CCSS）于2010年公布，规范了从幼儿园到高中的数学课程。采用此标准的地方多达41个州、首都华盛顿以及4个海外领地。CCSS的数学标准强调聚焦、一贯与严谨三原则，既注重概念理解也不轻视实际应用，整体看来比NCTM主导期的课程难度更大。虽然CCSS得到专业数学团体的热烈支持，但是反对的势力仍然存在，由联邦经费支持的标准化测验尤其为人所诟病。

数学内容虽然普世相同，但是数学教育深受社会与文化因素的影响，必然与各国的具体国情有关。像是法国精英层次与普通民众之间，包括数学教育在内的很多方面，都存在着巨大鸿沟。曾经得过菲尔兹奖的法国明星国会议员维拉尼（Cédric Villani, 1973— ）在2018年2月完成一份报告，认为一般民众接受的数学教育几近灾难。他在21条改革建议中，强调了提高中小学数学教师水平的迫切性。类似阿哈罗尼在"以色列人人数学有成就基金会"采取的措施，维拉尼的报告也把新加坡的数学教学作为值得学习的楷模。英国方面的状况是学生纪律松懈，使用教材比例低，因而造成数学学习成效欠佳。2016年，英国政府以四年为期，计划拨出经费给全英格兰近半数学校，预计培育700名种子教师，还要广泛向中国上海、新加坡、中国香港学习，进行数学教学改革。

为什么这些国家都要向新加坡学习呢？主要是因为新加坡不仅在TIMSS总是名列前茅，而且在另外一项国际评估PISA中也表现出众。PISA是《国际学生评估项目》

（Programme for International Student Assessment）的简称，每三年针对15岁学生进行一次跨国评估，借以了解各国学生在"阅读素养""数学素养"与"科学素养"上的能力。2015年，有72个参加评估的单位，新加坡在每一素养项目上都独占鳌头。2018年，则每项都居第二名，仅输给从中国取样的北京、上海、江苏、浙江组合队伍。

PISA评估的目标是各科"素养"，注重理解、应用、解决问题的能力，也是学生进入社会必须具备的能力。评估题目与日常生活相关，同时说明试题的情境，让学生作答时能把思考与情境联系起来。中国在注重素养的时代，家长必须先进行自我教育，才能用正确的观点、恰当的诱导、健康的态度，协助孩童获得应有的数学能力。小学教师们也应该加强自我学习的努力，积极参加教师培训或增能活动，开展书面作业以外的动手实作或身体活动，帮助学生体会出生活周遭处处可发现数学的踪迹，如此才能使每个人一生最重要的数学教育没有白白耗费时间与精力。

给赢得最高赞誉数学家的陈省身奖

2010年8月19日，我坐在印度海德拉巴（Hyderabad）的国际会议中心大厅里，目睹了印度总统帕蒂尔（Pratibha Patil, 1934—　）女士颁发第一届陈省身奖给美国纽约大学科朗数学研究所尼伦伯格（Louis Nirenberg, 1925—2020）。这是四年一度的国际数学家大会（International Congress of Mathematicians）的场合，在颁发陈省身奖之前，先颁发号称数学诺贝尔奖的菲尔兹奖给四位有突破性成就的青年数学家：吴宝珠（Ngô Bảo Châu, 1972—　）、维拉尼（Cédric Villani, 1973—　）、斯米尔诺夫（Stanislav Smirnov, 1970—　）、林登施特劳斯（Elon Lindenstrauss, 1970—　）。接着颁发奈望林纳（Nevanlinna）奖给在信息科学的数学方面有杰出贡献的青年学者，获奖者是斯皮尔曼（Daniel Spielman, 1970—　）。之后颁发高斯（Gauss）

奖给在实际问题上发挥数学重大应用效益者，此届大会这个奖项由梅耶尔（Yves Meyer，1939— ）获得。2010年首届颁发陈省身奖，获奖人尼伦伯格教授名列20世纪最重要的分析与几何学家，特别在非线性偏微分方程方面，不仅个人有重大的贡献，所指导的学生更是人才辈出。

陈省身（Shiing-Shen Chern，1911—2004）是第一代学术水平登上国际舞台的中国数学家之一，他在研究与教育两方面都发挥了巨大的影响。在现代几何学的各个主要领域都有贡献，特别是大力推动了整体微分几何学。他用高超的美学品位来选择重要的研究问题，成就幅度之广更使微分几何与多种数学分支产生联系。陈省身奖由国际数学联盟（International Mathematical Union）与陈氏奖基金会（Chern Medal Foundation）每四年在国际数学家大会开幕时颁发，规定颁给一位"凭借数学领域的终身杰出成就赢得最高赞誉的个人"。任何在世的自然人，无论年龄与职业都有资格作为奖项的候选人，只要不违背国际数学联盟的政策。每届陈省身奖的遴选委员会在开会两年前组成，由国际数学联盟聘任四位委员，陈省身奖基金会聘任一位委员，再从中挑选一位委员为主席。

陈省身奖章正面是陈省身73岁时的肖像，他的中文签名在左、英文签名在右。因为陈省身是20世纪最伟大的几何学家之一，所以背面正是微分几何学里名重士林的陈一高斯一博内（Chern-Gauss-Bonnet）公式，陈省身在1944年首先以内蕴方法取得证明。从国际数学联盟颁发的各个奖项的奖金来看，陈省身奖也最为贵重。菲尔兹奖每人加拿大币一万五千元奖金，奈望林纳奖与高斯奖都是每人一万欧元奖金。陈省身奖给获奖者个人美金25万元，另外有同额款项由获奖人指定使用机构，用来支持数学方面的研究、教育与推广工作。

陈省身奖章

第二届陈省身奖在2014年颁发给普林斯顿高等研究院格里菲茨（Phillip Griffiths, 1938—　），表彰他以超限方法在复几何学做出开创性与变革性的贡献，特别是他有关霍奇理论（Hodge theory）与代数簇周期的创见。第三届陈省身奖在2018年颁发给日本东京大学柏原正树（Masaki Kashiwara, 1947—　），表彰他以50年的不懈努力在代数分析与表示论方面取得的成就。

以陈省身之名设立数学奖项已有前例，中国数学会自1987年起每两年评选一次陈省身数学奖，每次颁奖给两人，获奖的都是中国中青年数学家里的佼佼者。新的陈省身奖是第一个以华人为名的国际数学重要奖项，对于提升华人在国际数学界的声望有极正面的作用。以奖金数额来作比较，2004年设立的邵逸夫奖每年颁给天文、生命科学与医学以及数理科学各一名，每名120万元美金。虽然奖金比陈省身奖高，但是此奖纯粹由私人基金会支持，不像陈省身奖是由最具代表性的国际数学联盟负责遴选颁发。

2010年8月20日上午，国际数学家大会特别安排了纪念陈省身的节目，其中播放了西蒙斯（James Simons，1938—　）的访谈纪录片。西蒙斯在加州大学伯克利分校数学系获得博士学位后，曾经与陈省身合作研究，数学界称他们的主要成果为陈—西蒙斯理论，目前在物理学的尖端领域弦论上有重要的应用。西蒙斯不仅是一位有成就的数学家，后来离开数学界走入华尔街，1982年创办了一个对冲基金名叫文艺复兴科技公司（Renaissance Technologies），专门从事利用数学和统计分析得出的定量模型，达到获利极高的成效，因此他被《金融时报》称为全球最聪明的亿万富翁。西蒙斯也是一位极为慷慨的慈善家，多年来捐赠近30亿美元，特别支持基础数理科学的发展，为了设立陈省身奖他也贡献了200万元美金。

在纪录片中西蒙斯回忆起陈省身一生创办过三个数学研究所：1946年是"中研院"的数学研究所，1981年是加州大学伯克利分校的数学科学研究所，1985年是南开大学数学研究所。虽然陈省身一生不喜欢任行政职位，但是他还是相当满意自己建立这三个数学研究所的业绩。

我曾任"中研院"数学所的所长，有多次亲炙陈大师的机会。他告诉过我，当年名义上虽然是他的老师姜立夫当"中研院"数学研究所所长，其实一切建所工作都由他承担。他不仅关心这个所的成长，1964年在台湾举行暑期科学研讨会后，更倡议由"中研院"、台湾大学、台湾清华大学合作成立数学研究中心，支持邀请数学家来访与讲学，以及青年学者访问世界上数学研究重镇，更大力补助在台各地的数学研讨活动，对台湾数学的发展影响甚巨。

自2004年陈省身过世之后，南开大学数学研究所已改名为陈省身数学研究所，伯克利分校的数学研究所也盖了陈省身大楼，2011年两个研究所为陈大师百岁冥诞联合举行纪念研讨会。但今日"中研院"内，陈大师遗留的踪迹近乎杳然。哲人长已矣，岂不令人兴叹？

离散数学走进舞台中央

众所周知诺贝尔奖里没有数学奖。诺贝尔为什么不设数学奖，有一种说法是因为瑞典数学家米塔格-莱夫勒（Gösta Mittag-Leffler, 1846—1927）抢了诺贝尔的女友，致使诺贝尔不肯给数学家尝甜头。其实这是无稽之谈，比较可能的理由是身为工业巨子的诺贝尔，认为数学旨在替物理与化学服务，不容易直接造福人类。

为了弥补没有诺贝尔数学奖的缺憾，挪威数学家李（Sophus Lie, 1842—1899）曾倡议于1902年阿贝尔（Niels Henrik Abel, 1802—1829）百岁诞辰时，设立高额的数学奖，也获得了当时瑞典与挪威的共同国王奥斯卡二世的支持。然而李不久后逝世，两国结盟又于1905年瓦解，阿贝尔奖的设立终究没有在20世纪实现。

阿贝尔到底是何许人士，值得以他的名义设立大奖呢？阿贝尔出身寒门，父亲早逝，幼年未能接受良好的教育。但16岁时遇到良师的引导，迅速学习了艰深的数学，22岁就得到了让人惊异的结果，他证明了五次方程无一般根式解。然而他低微的出身，难以引起学界的瞩目。他把文章寄给数学泰斗高斯寻求认可，但高斯却连信封都不屑打开。1826年，阿贝尔走访数学重镇巴黎，他关于椭圆函数的划时代著作，也得不到花都名家的青睐。

阿贝尔只在柏林结识到一位工程师兼业余数学家的知音克莱尔（August Leopold Crelle，1780—1855），他应邀在克莱尔新创办的数学期刊上发表了多篇重要论文，其中包括五次方程的研究成果。1827年，阿贝尔在贫病交迫下，落魄地返回挪威。他一方面继续研究五次方程的可解条件，另一方面奋力与普鲁士的雅可比（Carl Jacobi，1804—1851）竞争发展椭圆函数论。1829年4月8日，克莱尔写信告诉阿贝尔，终于替他谋取到柏林的大学教职，可惜阿贝尔已于两天前遭肺结核折磨而陨落。

2002年，挪威政府决定出资设立阿贝尔奖。2012年，第10届阿贝尔奖颁给塞莫瑞迪（Endre Szemerédi，1940—　），奖金约100万美元。塞莫瑞迪是匈牙利科学院数学研究所的成员，也在美国罗格斯（Rutgers）大学计算机科学系任教。挪威科学与人文学院的阿贝尔奖委员会赞扬他："为离散数学（discrete mathematics）与理论计算机科学做出基础的贡献，在加性数论（additive number theory）与遍历理论（ergodic theory）上都产生了深刻与长远的影响。"阿贝尔奖以终身成就来评判是否可以获奖，2012年首次颁给离散数学大师塞莫瑞迪，代表离散数学已经从数学的边缘地带走入了舞台中央。

塞莫瑞迪在中学时虽然数学很好，但他不是那种解题快手，而是能见旁人所不及之处的深思者。中学毕业后他在医学系读了一年，因为实在受不了解剖课的气味，才改弦更张投入数学的怀抱。就像许多匈牙利的离散数学高手一样，他也是因为爱多士（Paul Erdős, 1913—1996）的引导，很快就做出了一流的数学成果。

塞莫瑞迪已经发表了200多篇论文，涵盖领域与影响范围均十分惊人，但最脍炙人口的还是他1975年的成名之作。这个工作涉及所谓的等差数列，就是一串正整数，其中任何一对相邻的数，都相差一个定数（称之为公差）。譬如：3, 8, 13, 18, 23, 28是长度为6公差为5的等差数列。但2, 5, 8, 10, 12 就不是等差数列，因为相邻项有的差2有的差3。

著名的塞莫瑞迪定理的精髓，可用下面这种单人游戏来说明。假如给你一个小数目（譬如6），又给你一个大数目（譬如18 000），你的任务是从1到18 000之间尽量多挑一些数字出来，但是要回避出现长度为6的等差数列。你稍微想一想，就知道这个游戏对你实在不利，因为不断挑选数字，最终就把从1至18 000之间所有数字都选出来了，那时候长度为6的等差数列可就多得很了。其实不要走到这么无聊的结局，你的直觉告诉你，只要挑出来的数字占总数相当高的比例，那么间隔规律的等差数列就很可能会出现。

塞莫瑞迪定理的惊人之处在于，他发现不管你用多么巧妙的策略回避等差数列，在离挑选所有数字很远很远之前，等差数列就非出现不可了。说得更明确些，给定正整数 k，我们要从1到 n 中挑出数字，令 $S(k, n)$ 代表在满足不包含长度为 k 的等差数列条件下，所能挑选出的最多个数字。塞莫瑞迪定理说明当 n 够大时，$S(k, n)$ 与 n 相比非常地小。譬如说你虽然想回避掉长度为23的等差数列，可是只要 n 足够大，$S(k, n)/n$ 甚至只要超过0.1%，长度为23的等差数列便必然会出现，换句话说你的单人游戏就失败了。塞莫瑞迪1975年发表的论文属于"初等证明"，也就是没有用到其他层次较深的数学理论，但其艰难的程度几乎达到逻辑推理的极致，当时甚少人能读得懂。

图（graph）是最具代表性的离散结构，它用一些顶点代表对象，有关系的对象则用线段联结起来。这种模式可用来描述各种类型的网络。塞莫瑞迪定理的核心思想，后来被汲取出来写成著名的"塞莫瑞迪规则性引理"(Szemerédi regularity lemma),大意说来如下:"只要图非常复杂,其内部就会出现非常像随机的网络结构。"如此概率与统计的方法就能运用到网络的分析上。在一个时时离不开网络的时代里,你可以想象塞莫瑞迪开创的研究方向,会产生多么广泛的影响,怪不得离散数学要走进数学舞台的中央了。

2021年,阿贝尔奖颁给了匈牙利布达佩斯罗兰大学教授洛瓦兹(László Lovász, 1948—)和美国普林斯顿高等研究院教授维格森(Avi Wigderson, 1956—),"表彰他们在理论计算机科学与离散数学上根本性的贡献,以及将此学科塑造为现代数学核心领域的领导角色。"继塞莫瑞迪之后,阿贝尔奖再次表彰了离散数学领域的成就,并且肯定它已经成为核心领域之一。九年之间,离散数学已经快速从初登舞台中央,成长为不容轻视的要角。回想约40年前我刚从数理逻辑转入离散数学研究,被有的学长辈蔑视为"高中数学",可见他们是多么无感于计算机时代的来临,以及流露出很多纯数学家对应用题材的偏见。

人工智能的"名称政治学"

　　汽车跑得快，不叫"人工马"。飞机飞得高，不叫"人工鸟"。怎么计算机本领大了，就要称之为"人工智能"？

　　故事要由麦卡锡（John McCarthy, 1927—2011）讲起。麦卡锡早年就显露出很高的数学天赋，24岁从普林斯顿大学获得数学博士学位。他在莱夫谢茨（Solomon Lefschetz, 1884—1972）指导下，写了学位论文《射影算子与偏微分方程》（*Projection Operators and Partial Differential Equations*）。1955年，麦卡锡获聘为达特茅斯学院（Dartmouth College）的助理教授，9月向洛克菲勒基金会提出一份申请书，希望获得"达特茅斯人工智能夏季研究计划"（Dartmouth Summer Research Project on Artificial Intelligence）的经费补助。计划书里出现的"人工智能"（artificial intelligence）名称，被公认是麦卡锡首创的新词。

麦卡锡放弃微分方程转往全新领域，其实有端倪可循。1952年夏季，他到贝尔实验室担任大名鼎鼎的香农（Claude Shannon, 1916—2001）的助理，协助香农编辑有关"自动机"（automata）的论文集。正是香农后来帮他跟洛克菲勒基金会牵线，也在申请经费补助时当共同提案人（虽然此事多被后人淡忘）。根据麦卡锡在纪念研讨会50周年时回忆，举办这项活动的主要目的就是要"竖立鲜明旗帜"（nail the idea to the mast）。研究计划的主题没有采用"自动机"，因为他嫌香农太偏抽象数学理论。他也回避使用另外一个红火的名词，就是维纳（Norbert Wiener, 1894—1964）发明的"控制论"（cybernetics）。一方面嫌"控制论"研究对象还牵扯模拟机制，另一方面不愿与好辩的大佬交手。为了凸显自己研究发展路径的特色，他拒绝重复别人用过的名称，像"复杂信息处理""机器智能"等。他竖立的"人工智能"这面鲜明旗帜，非常能激发人的想象，从而抓住人的眼球。命名要"性感"，可谓"名称政治学"巧妙的第一步！

名称虽"性感"，但是如何替内容圈出界线呢？麦卡锡在经费申请书里开宗明义："从事本研究的基础立足于以下的臆测：关于学习的每个方面，或者智能的任何其他特征，只要原则上能精确地给予描述，那么就能让机器做出模拟。"所以麦卡锡勾勒出的范围几乎是没有范围，因为一切都仰仗预设"只要原则上能精确地给予描述"须成立。似有还无的界线使得攻守两宜，这是"名称政治学"巧妙的第二步。

在看重商业营销的美国，即使是学术领域的兴衰，也经常与带头人的营销技巧密切相关，由前两步可看出麦卡锡显然深得其中三昧。但是不管1956年夏季的研究活动多么新颖，如果没有研究基地、经费与人员的持续投入，新的学科也很难健康茁壮地成长，麦卡锡刚好得到天时的眷顾。在美国毫无准备的状况下，1957年10月苏联成功地把斯普特尼克人造卫星放入太空。因为警觉到国家安全遭受严重威胁，美国把大量经费投入高校，积极推动强化国防的研究工作。

在达特茅斯经费申请书上排名第二的是明斯基（Marvin Minsky, 1927—2016），1958年他与麦卡锡都到了麻省理工学院。有一天他们俩在走廊上碰到部门主管，麦卡锡伺机向主管表示想成立人工智能实验室。当主管问他们需要什么的时候，麦卡锡提出需要实验室空间、一位秘书、一台打卡机、两位程序员。主管不仅马上答应，还同时奉送六位研究生。原来新增经费多养了六位数学系研究生，主管不知该怎么安排，索性叫他们去搞新花样吧！人工智能号称机器会自动翻译，帮美国军方阅读苏联的各种文件，从而得到国防经费的长年挹注。其实自从冷战时期开始，很多重要科技进展的研发经费，都直接或间接受到军方的支持。有效引起国防军工当局的青睐，也是"名称政治学"的重要窍门。

将新学科命名为"人工智能"是非常成功的策略，甚至可能有点过于成功，导致对于人工智能产出的期望过高。当大量金钱投进研发，而成效往往达不到原先宣传的愿景时，热潮就不可避免地衰减。人工智能的发展有过几回戏剧性的起伏，还历经两次所谓的"人工智能的冬天"，到20世纪80年代末几十亿美金的相关产业逐渐萧条。人工智能乌托邦的泡沫化，留下了"名称政治学"辩证发展的轨迹。

自从2016年AlphaGo打败了围棋高手李世乭之后，新一波人工智能的浪头简直势不可挡。2005年数字时代预言家库兹韦尔（Ray Kurzweil, 1948—　）在《奇点临近》（*The Singularity is Near*）一书中曾说："许多观察家仍然认为人工智能的冬天就是故事的终结，自此之后人工智能就毫无创建了。其实今天成千上万的人工智能应用程序，已经深入包含在每种工业的基础建设里。"为什么这种类似"隐姓埋名"的策略会发生呢？道理就在于这些发展本来就是计算机该做的事，"人工智能"标签好用的时候就拿出来用，不好用的时候就打出其他招牌，像什么"机器学习"""以知识为基础的系统""认知系统""智能系统""深度学习",不一而足。

这一波人工智能的振兴,主因之一是攻克了大量人工神经网络层次的难关。仿真神经网络的研究早已有之,但是明斯基与佩珀特(Seymour Papert,1928—2016)在1969年出版了影响力极大的《感知器》(*Perceptron*)一书,暴露了人工神经网络处理非线性问题本质上的不足。所以今日人工智能的核心方法,曾经几乎被人工智能领袖扫地出门。今昔对比,可说是"名称政治学"里借壳上市咸鱼翻身的一章。

现在饱受瞩目的人工智能应用,其实都是在特定范围里增强人的能力,因此显现超越人力的结果本应在预期之内。像图灵测验(Turing test)所瞄准的不限范围的机器智能,目前距离最终目标还相当遥远。我们预期当人们对各个领域五花八门的人工智能产品习惯后,"人工智能"在"名称政治学"的场域里,终将完成其阶段性的任务,从而退隐为历史名词。

分进合击的协力数学

⃝8

　　与习惯团体工作的实验科学家相比，数学家就有些像个体户。在20世纪中叶以前，数学论文绝大多数由单一作者撰写。即使是多人合作的论文，超过两位作者也不常见。近几十年来，学术研究的风气与工作方式，都有相当大的变化。数学期刊里多位作者的论文比率逐渐增加，只是还没像高能物理那样夸张，有时论文作者人数竟会上百。

　　因为网络分享信息异常便捷，菲尔兹奖（Fields Medal）得主高尔斯（Timothy Gowers, 1963—　　）于2009年初在他的博客发表文章《是否有可能大规模合作研究数学？》，倡议使用在线分进合击的模式，集众人之力来解决困难问题，并称此模式为polymath。这个英文字的原意是"博学者"，也就是什么学问都知道的人。带有前缀poly的字通常包含"多"的意思，显然高尔斯着重的地方并不在于个人的博学，而在于群策协力合作解决问题，所以我暂时把它翻译为"协力数学"。

高尔斯设想的方式是在网络上建立一个论坛，针对选定的题目，大家可以把片段的、不完整的，甚至是看似愚蠢的想法公布出来，如此相互激发新思路，也交换自己熟悉的技巧，最后期望能一举彻底解决难题。高尔斯说他并不能保证这样做一定会成功，但是参与的人越多，达到目标的概率一般来说会越高。这不仅纯粹是运气的问题，而是大家会带来各自熟练的本领，以及各种研究问题的风格。简而言之，高尔斯说："一大群数学家可以有效地把大脑联结起来，他们就有可能非常有效率地解决问题。"

协力数学计划的进行，先从选择适当题目开始。像黎曼猜想这种深不可测的天大难题，反而不适合作为目标。个别小领域里一些技术性的开放问题，因为不容易引起广泛研究者的兴趣，也不适宜当作攻坚对象。挑得出让众人投入的好题目的人，往往是数学界几位具有号召力的国际大腕。例如，菲尔兹奖得主陶哲轩也经常积极参与，2015年他还解决了"协力数学5"，此问题通常被称为"爱多士差距问题"（Erdős discrepancy problem），已经开放达80年之久。

在大规模分进合击的研究模式下，不管年龄、名声、职位高低，只要对解决问题有建设性想法，都可以在公共的论坛中发声。这种创新的合作办法，会涉及如何制定合作规范，如何整合成果撰写论文，以及如何区分贡献多寡的问题。高尔斯在倡议协力数学的第一篇宣言中，针对这些问题都曾详加考虑。特别是他认为全部讨论的历程，都会保存在论坛中，即使是以集体共享的笔名发表的正式论文，也会有链接指向论坛，所以谁也没法隐瞒或埋没任何人的贡献。

初试啼声的"协力数学1"持续约三个多月，总共有40余人参与，最终在2012年于顶尖的《数学年刊》以 D. H. J. Polymath 的集体名义发表论文。到2021年初，从美国数学会的论文发表数据库可查到，共有五篇论文作者标示为 D. H. J. Polymath。另一项引人瞩目的协力计划，起源于2013年张益唐证明存在无穷多对素数，彼此间距小于7 000万的论文。"协力数学8"就是要尽量压缩7 000万这个间距，如果能达到2就解决了天王级的难题孪生素数猜想。一位年轻的英国牛津大学数学博士梅纳德（James Maynard, 1987—　）在2014年4月证明出迄今最低的间距246。

2016年1月21日，高尔斯在博客中提出"协力数学11"，想解决组合数学里有名的"并集封闭猜想"，这个猜想是由富兰平太在1979年提出的。匈牙利数学家 Péter Frankl 因热爱日本而定居于斯，并且取了富兰平太这个日本姓名。他不仅是世界级数学解题高手，更是街头的表演艺术家。我曾邀请他来"中研院"访问，他利用周末去公园里表演杂耍，观众并不知道他其实是一位数学名家。有一次跟他讨论时，他在一小张笔记纸上写下他的并集封闭猜想，并且告诉我他只解别人的猜想，要把自己的猜想留给别人伤脑筋。并集封闭猜想的陈述相当简单：令有限集合族 A 里有 n 个相异的非空子集合，假设 A 满足并集封闭性（也就是说包含在 A 里的任何两个子集合的并集，仍是属于 A 里的子集合），则必然存在某个元素，它会属于至少 $n/2$ 个 A 里的子集合。如此明白易懂的猜想，迄今进展却并不多。

富兰平太

为了保存协力数学的活动记录，有人建立了多人协作的写作系统wiki，到2021年1月该页面共列有16项协作题目。至于提议新的题目、讨论、提意见等各种与解决问题直接相关的活动，则要看"协力数学博客"这个页面。不过最后一则帖文由卡莱（Gil Kalai, 1955—　　）在2019年6月9日所公布，看来协力数学的群众活动经过10年，有点后劲不足了。2021年1月29日卡莱在自己的博客专页"组合学及其他"（Combinatorics and More）贴出一文，讨论了协力数学问题进展的概况，并且建议了一些未来可选取的题材。在某次由普林斯顿高等研究院组织的讨论会上，有人担心协力数学的解题模式如果演变为居于主导地位，那么像怀尔斯埋头七年以一己之力证明费马大定理，或像格罗滕迪克（Alexander Grothendieck, 1928—2014）只手进行了代数几何的革新，这些传统数学家的孤鸟作风，可能会受到严重伤害。卡莱就表示过他认为协力数学"既不造成危险，也不希望取代"那些单干而能建功的数学家。他援引以色列哲学家马嘉利特（Avishai Margalit, 1939—1962）的说法，"科学只是在街灯下寻找东西的艺术，而协力数学就是一盏新的街灯罢了！"

图灵的向日葵　⑨

诞生于意大利比萨的斐波那契（Leonardo Pisano Fibonacci）是中世纪欧洲数学史上的关键人物，他的名著《计算之书》把阿拉伯数字引入欧洲。《计算之书》里包括下面这个著名的"兔子问题"：假设一雄一雌的一对成熟大兔，每月可生下一雄一雌的一对幼兔，而每对幼兔生长两个月就成熟为大兔，倘若兔子都没死且按月生产，请问由一对幼兔开始，一年后总共有多少对兔子？由此问题衍生出的序列：1, 1, 2, 3, 5, 8, 13, 21, 34, 55, 89, 144,…，其特性是从第三项开始，每项都是前两项的和，例如：2=1+1, 3=1+2, 5=2+3, 8=3+5, 13=5+8,…。我们称这个序列为斐波那契序列，称其中的数字为斐波那契数。如果计算序列中每一项与前一项的比值，就得到序列：1, 2, 1.5, 1.666 67, 1.6, 1.625, 1.615 38, 1.619 05, 1.617 65, 1.618 18,

1.617 98,…,持续计算下去会越来越接近 $(1+\sqrt{5})/2$ 的数值 1.618 03,…,也就是有名的"黄金比例"。

黄金比例其实是从黄金分割而来的,最早出现在欧几里得的《几何原本》,只不过那时的称呼里还没有"黄金"这种字眼。欧几里得考虑一条直线段 AB,在线段上取一点 C,使得 AC 大于或等于 CB,并且 AB 与 AC 的长度比值刚好等于 AC 与 CB 的长度比值。这个 C 点就把线段 AB 做了黄金分割。换句话说,整体线段与长段的比等于长段与短段的比,因此《几何原本》称之为"中末比"(extreme and mean ratio)。但是如何计算这个比值呢?假设 AB 长度是 1,而 AC 长度为未知数 x。那么 $\frac{1}{x}=\frac{x}{1-x}$,化简为 $x^2+x-1=0$,于是便可把 x 解出来得到 $x=(1+\sqrt{5})/2$。

相当令人惊奇的是,我们观察自然界时,经常会发现斐波那契数。有些植物的花瓣、萼片、果实、分支的排列方式,会呈现斐波那契数列。就拿向日葵为例,中心部位露出种子的排列,形成两组称为斜列线(parastichy)的弯曲螺旋线,一组沿顺时针方向旋转,另一组沿逆时针方向旋转。如果耐心仔细计算斜列线数,所得到的两个数目构成一组数对,如(34, 55),(55, 89),(89, 144)等。我们发现这些数对都是斐波那契数列里相邻的数字。

向日葵种子斜列线

　　虽然大自然里的生物，难免会出现一些不合规律的小瑕疵，但向日葵的斜列线数应该是斐波那契数几乎成为共识，计算机科学之父图灵（Alan M. Turing，1912—1954）也被此现象吸引。图灵在逝世前几年，对于生物形态学产生了很大的兴趣，他用分子的反应与扩散来解释生物体上花样形成的机制，1952年发表了极富开创性的论文《形态发生的化学基础》（*The Chemical Basis of Morphogenesis*）。图灵生前曾尝试解释向日葵与斐波那契数的关系，但却来不及完成研究发表成果。至于图灵何时开始关注花序问题不易判断，有意思的是从1923年母亲为图灵所绘的画中可看到，当同学热衷于曲棍球赛时，11岁的图灵居然在旁边着迷于雏菊花。

图灵的最后居住地英国曼彻斯特为纪念他的百岁诞辰，在2012年发起了一项"公民科学"（Citizen Science）计划，名为"图灵的向日葵"。所谓"公民科学"是科学的爱好者参与某种科学研究计划，协助搜集、分类、记录、分析科学数据。例如，近期美国国家航空航天局（NASA）资助的"后院世界：9号行星"（Backyard Worlds: Planet 9）项目，全球任何人都可以参与探索，从航天器的数据中寻找神秘天体。业余的参与者除了帮忙辨识出约3000颗褐矮星之外，还找到了最古老且最寒冷的白矮星，它周围还环绕着由碎片构成的星环。"图灵的向日葵"公民科学计划号召民众种植向日葵，然后计数斜列线的数目。这类"公民科学"计划，不仅能通过民众的协助搜集到大量数据，也能帮助民众亲身体验科学实作。民众的数据经过检核后，总共完整辨识出768组斜列线，其中632组（约82%）具有斐波那契类型，136组（约18%）并不具有斐波那契类型。这是首次明确记录有相当比例的向日葵不符合人们原有的陈见，因此想追随图灵的步履，用数学模型解释向日葵为何遵守斐波那契规律的人，就必须适当修改并扩充图灵的基础工作，才能圆满解释那18%的例外。

其实有些陈见虽然与真理不符，但人们还是津津乐道，导致以讹传讹，让人以为是既成事实。例如，长方形的长短边比值若为斐波那契数列后项与前项比值所趋近的黄金比例1.61803…，则称此长方形为"黄金矩形"。据说从古希腊人开始，西方人都认为最漂亮的矩形非黄金矩形莫属。其实1978年就有心理学家席福曼（H. R. Schiffman）与巴伯寇（D. J. Bobko）做过实验，在各种分割线段的位置中，受试者不见得认为黄金分割最美观。1992年，数学家马考斯基（George Markowsky）在《大学数学期刊》（*The College Mathematics Journal*）发表过一篇文章，专门澄清有关黄金比例的各种以讹传讹的虚假信息。[1] 他报道了自己关于黄金矩形是否为最美矩形的实验，他说："即使人们会偏爱某些矩形，唯一合理的结论是他们会偏爱某个范围之内的长宽比。种种有关黄金比例具有美学重要性的说法，看来都缺乏坚实基础。""图灵的向日葵"计划邀请没有受过专业训练的公民参与，进一步澄清向日葵与斐波那契数的关系，这应该是纪念图灵先驱创见的极佳科学活动。

1　George Markowsky. Misconceptions about the Golden Ratio. *The College Mathematics Journal*, 1992, 23(1): 2-19.

谁是今日最有影响力的数学家？

⑩

这是一个迷恋排名的时代，也是一个迷恋排名的世界。什么东西都可以拿来排名，没有排名似乎就会不知"好歹"，就没法做自我判断。这种现象的出现，多少反映了当今信息量的剧增，相形之下个人更为渺小化，更加丧失决策的信心，转向寻求外在"权威"的评鉴。然而对于制作排名表的机构而言，广为引用的排名表会带来声望与利润。以发行《美国新闻与世界报道》(*U.S.News & World Report*, 简称*U.S.News*)的这家新闻机构为例，从1983年开始针对各种学科把美国的大学与研究所加以排名，取得了相当大的成功。虽然有些学校攻击它的排名方法，但是它的纸本排名册仍然经常上畅销书榜。因此*U.S.News*更加扩大了它的排名事业，不仅大学排名按地域或学科细分，还进一步针对中学、医院、汽车来排名。并于2014年开始对世界各国的大学进行排名。

2020 年，*U.S.News* 的世界大学排名让很多人跌破眼镜，因为曲阜师范大学在中国高校排名第 73，比前一年猛然前进了 13 名。该校数学学科国内排名居然夺得冠军，胜过第 2 名的北京大学与第 6 名的清华大学。这样的排名结果可以说把曲阜师范数学学科捧过了头，也让人对 *U.S.News* 排名法的可信度产生了怀疑。

除了 *U.S.News* 的排名之外，在国际上可见度相当高的世界大学排名还有 2003 年至今上海交通大学建立的世界学术排名，着重在科研能力的比较。2005 年至今英国泰晤士高等教育机构世界排名，侧重于教学、科研、知识创造与传播，以及国际交流。2009 年至今教育与咨询机构 QS 改良泰晤士方法，自创拥有知识产权的世界大学排名。

通常排名的时候会依据若干个指标的分类，经过加权后做适当的平均，再以计算结果的得分依序排名。例如 *U.S.News* 数学学科排名的分项指标加权，是 65% 的文献评分，25% 的声誉评分，以及 10% 的科研成就评分。一旦被排名的对象事先知道如何加权，就有人为影响评分的可能性。以 *U.S.News* 的加权法为例，网民归结出一条有效提高评分的方法，就是大量发表灌水论文再加上本校师生的高度相互引用。

除了上述的人为操弄之外，由多个指标的评分汇集成最终的直线排名，还有一项内在的缺陷。首先介绍一个很基本的数学概念，就是偏序关系。假设在某个给定的集合上，某些元素间引进一个顺序关系，用符号 $x \leqslant y$ 表示在这种关系中 x 不会落在 y 之后。如果这个顺序关系满足下面三个条件，它就构成一个偏序集合：

1. 自反性：$x \leqslant x$。

2. 反对称性：$x \leqslant y$ 且 $y \leqslant x$，则 $x = y$。

3. 传递性：若 $x \leqslant y$ 且 $y \leqslant z$，则 $x \leqslant z$。

一个明显的偏序关系例子，就是自然数之间的整除关系，也就是把 $x \leqslant y$ 解释成自然数 x 整除自然数 y。那么，自反性就是说每个自然数会整除自己；反对称性换句话就是说如果两个自然数不相等，则其中之一必然不会整除另外一个；传递性换句话就是说第一个数是第二数的因数，第二个数是第三个数的因数，则第一个数是第三个数的因数。总而言之规范偏序集合的三个条件，对于自然数及其整除关系都是成立的。

初学偏序集合概念的人，最容易犯的错误，就是以为集合里的任何两个元素之间，都能比较前后顺序。拿自然数及其整除关系为例，相互不整除的数对比比皆是，例如16与20。有一些偏序集合比较特别，就是任何一对元素确实都能比较顺序。最明显的例子便是在自然数上，把"≤"解释成它通常的意义"小于或等于"，那么任何两个自然数之间原本就有大小之分。这类特别的偏序集合称为全序集合。其实，每个偏序集合都能够扩充成一个全序集合，意思是说，原来不能比较顺序的一对元素之间强行区分顺序，并且满足在原来偏序中已经有顺序的 $x \leqslant y$，在扩充之后仍然保持 $x \leqslant y$ 的关系。另外值得注意的是，这种扩充为全序的方法不见得只有一种。也就是说，在原来偏序集合中不能比较顺序的 a 与 b，有可能在某一种扩充中 a 排在 b 前面，而在另一种扩充中，b 排在 a 前面。用大学排名来比拟，那种加权然后求某种平均的方法，可说是把数个偏序集合压成一个全序集合的过程。加权与求平均的细节若有变异，所得的全序便有可能产生变化。

为了避免大学排名有人为操作空间，以及迎合使用者可以自选量度指标的需求，美国有一个网站 AcademicInfluence.com 采取了很不一样的排名策略。他们的自我介绍中是这么说的："我们是由学院人士与数据科学家组成的团队，针对名人、学校、高等教育里的学科，开发出以影响力为基础，又不能人为操弄的排名表。为了达成目标，我们发展了具创新性及无偏颇的排名技术，使用机器学习来量度世界上最具学术影响力者所产生的工作成果。"

一旦"机器学习"这种字眼上场，就知道大概率会涉及所谓的"大数据"。因此排名的依据可能不是只有四五个指标，而是从非常多的方面来衡量。另外，机器学习的内在算法经常是一个黑箱，让人搞不清到底是怎么获得最后结果的。大概也因为这点不透明性，被排名的对象想要施展人为操弄，也难得其门而入。AcademicInfluence.com利用这些特点，让人觉得他们的影响力排名客观公平。

然而比公平与防弊更基本的问题是，"影响力"到底是什么意思？该如何评估？AcademicInfluence.com认为主要表现在吸引到注意的能力，以及在全球穿透传达的幅度。于是他们使用大数据的技法，在全球网络空间中寻找对某人或某主题的关联，以及其他对于同类人或事的评估。这些工作涉及大量数据与数据的实时更新，明显发挥了人工智能的特色与本领。另外，在学校排名方面，每个人注重的指标不尽相同，他们的排名还允许使用者挑选特别关心的方面，以他们的数据库为基础，产生最适合自己使用的排名表。

AcademicInfluence.com承认他们的排名与一般人的直觉认知，有时也不尽相同。就以2010—2020期间排出的10大最具影响力的数学家为例，以下是排名表：

1. 德夫林（Keith Devlin）

2. 陶哲轩（Terence Tao）

3. 斯图尔特（Ian Stewart）

4. 斯狄瓦（John Stillwell）

5. 伯尔尼特（Bruce C. Berndt）

6. 高尔斯（Timothy Gowers）

7. 萨奈克（Peter Sarnak）

8. 海尔（Martin Hairer）

9. 道贝切斯（Ingrid Daubechies）

10. 怀尔斯（Andrew Wiles）

这个名单里最显眼的是证明费马大定理的怀尔斯，才排名第10。另有菲尔兹奖得主陶哲轩、高尔斯、海尔，有小波的创始者道贝切斯。然而排名第一的却是以写数学科普文章与书籍著称的德夫林。德夫林替美国数学协会（Mathematical Association of American，简称MAA）长年为《德夫林视角》（*Devlin's Angle*）的专栏写作，2020年11月8日他针对AcademicInfluence.com排名发表了看法。他说当他知道这个排名网站之后，好奇地进去察看最具影响力的数学家，结果有些让他感觉意外：自己居然是状元。德夫林认为他能脱颖而出是因为他活动面比一般数学家更广，不仅有学术研究的贡献，还很早制作网络教学，又多处发表通俗文章得以吸引广泛读者。人工智能算法在网络世界里爬网，自然容易见到他的大名，从而增加了他的影响力评分。

德夫林对于多方曝光就能促进排名超前，提出一种数学角度的看法。根据他的见解，只要针对200项彼此独立的评判指标来量度，就会有98％的人在至少一项指标上"出众"。这里所谓"出众"是说在该项指标上，排名在最前1％或最后1％，因而"出众"并不意味绝对往好的方面偏移。之所以会有这种现象，是因为高维度正方体的一项特性，就是随着维度的增大，正方体内部整数坐标点数所占的比例会愈来愈小。人们不容易察觉这种现象，是因为无法想象高维度正方体的形象。

几何形象虽然难以想象，但是可以通过计算获取有用的信息。假如评估的指标只有一个，那么把评估结果看成一条线段，并且划分为100个等级，那么最低的1％与最高的1％"出众"等级，刚好占有整体的2％，而"寻常"的等级则为98％。如果要表示两项指标，就使用100×100的正方形。"寻常"等级占据$98 \times 98 = 9604$个点，"出众"的等级形成外缘的一个方框，占据$10000 - 9604 = 396$个点，比例则为$396/10000 = 0.0396$，也就是3.96％，比一维时的比例2%更多。指标增加到三个,对应的图形就是三维空间的正方体(正6面体),共涵盖1000000个点,代表"寻常"的内部点有$98 \times 98 \times 98 = 941192$个,代表"出众"的外缘点有$1000000 - 941192 = 58808$个,所占比例为$58808/1000000 = 0.0588$,也就是5.88%,比二维时又提升了。如果维度持续上升,一方面我们难以想象高维正方体的形象,另一方面计算98的大幂数也变得困难。还好后者可以向一些公开的计算软件求助,例如Wolfram Alpha。如此执行计算,当指标有10个时,在10维正方体外缘的"出众"点所占比例是$(100^{10} - 98^{10})/100^{10} = 18.29\%$;当指标有100个时,在100维正方体外缘的"出众"点所占比例是$(100^{100} - 98^{100})/100^{100} = 86.74\%$;当指标有200个时,在200维正立方体外缘的"出众"点所占比例是$(100^{200} - 98^{200})/100^{200} = 98.24\%$,正好验证了上一个段落里德夫林所断言的事。德夫林提醒大家这些推论都是在一定的模型假设下得到的,而任何模型都会有各种程度的简化。如果推论结果有让人大感意外之处,那么不回到模型本身去修改某些基本的假设,就只有接受推论的结果,并修正造成诧异感的原有偏见。

其实这种排名思维的终极缺失在于对人的评价不能也不应该简化到只是有限维度空间的一个点。如果可以的话,就可以想象采取极大量的指标，把每个人在每个指标上排序，然后给每个人所有排序的一张列表，那么他在社会上行走，别人就完全可以靠这张表来衡量他。尤其人工智能技术愈来愈昌盛，这张个人评价列表还可以实时更新，从而个人被约化到一张行动的列表，人也就跟机器人几乎无差异了。这是类似科幻小说的预言，然而也是应该回避的人类前景。目前各种排名虽然距离上述的想象世界还十分遥远，但是重视排名的思维已经在发挥影响。特别在教育部门，排名其实容易固化人的偏见，使用时不可不慎。

百万人数学

　　贺格本（Lancelot Hogben，1895—1975）是20世纪的英国实验动物学家和医学统计学家，他早期以研究一种非洲青蛙著称，甚至发展出使用青蛙检验妇女是否怀孕的方法。他在学术生涯中期则以攻击优生学最为突出，到晚期已经获选为皇家学会的会士，就不再顾及当时学术界的风气，转去撰写科学、数学与语言学的普及书籍。他在1936年出版了一本《百万人数学》（*Mathematics for the Million*），成为非常畅销的数学科普书，2017年仍然能再版上市销售。

　　贺格本在《百万人数学》序言里声明自己只是以关心教育的普通公民身份来写这本书的，也就是说这不是一本专业数学家写的教科书。其次，他表明这本书的对象是那些在平常渠道中学习数学，却饱受挫败而产生自卑情绪的百万大众。所以他采取异于寻常的观点与路径，只希望达到激起兴趣与建立自信的目的。《百万人数学》显然是一本成功的著作，以科幻著称的英国小说家韦尔斯（H. G. Wells，1866—1946）赞扬它是"头等重要的书"；爱因斯坦则说："它使初等数学的内容活了起来。"1974年菲尔兹奖得主芒福德（David Mumford, 1937—　）在2015年接受《美国科学家》（*American Scientist*）杂志访谈，被问到会向一般读者推荐哪一本数学书时，他回答："吸引我进入数学领域的是贺格本的经典著作《百万人数学》，它从未过时。"其实，贺格本成功的要素正在于他不是纯粹数学家，因此不被某些专业偏见所禁锢，可以潇洒地把数学知识放进历史与文化的脉络来讲述，而且尽量不脱离一般人的生活经验。

被美国网站AcademicInfluence.com评选为2010—2020期间最具影响力的数学家德夫林，在2020年12月的专栏文章里也提到，因为阅读贺格本的《百万人数学》，促使他走上数学研究的道路，并且以此书为写作数学科普时效法的榜样。不过他也承认贺格本的书名虽然起得抢眼，然而至少在英美数学书的销量是达不到百万的。已经领会数学之美以及愿意迎向数学挑战的人，也许很不情愿承认，其实不管数学对于人类文明的贡献如何巨大，它都不该是一项被强迫学习的科目。"把数学搞成非学不可的科目，我们伤害到很大数量的学生——真正是成百万的学生，往往令他们终生对任何与数学沾边的事都倒尽胃口。"德夫林指出一件好似吊诡的事实，便是教育制度既造成了百万人学习数学，也造成了百万人深恶痛绝数学。

德夫林现在鼓吹的观点是设计真正能为百万人服务的数学教育，他称之为"数学思维"课程。他接受旅美中国数学教育学者马立平的看法，认为算术是必不可少的基础数学课，他也把基本的代数与几何纳入21世纪公民教育应该包含的内容中。除此之外，他特别强调数据科学（data science）的重要性，其中还包括算法（algorithm）。以2020年新冠肺炎全球流行的历史经验为例，迫切需要公民有能力阅读并理解各种数据（包括解读图表），从而推动设计"数学思维"课程的必要性。现在远比20世纪末更方便设计强调应用数据的课程，因为在网络世界里有许多效能强大、方便操作的软件，既可以供数学研究使用，也可以协助数学教育，德夫林举出Wolfram Alpha及Desmos为两类代表性例证。既然装备了强大的软件与网络工具，"数学思维"课程没有必要耗费冗长的时间，让学生演练程序性的计算题目。我们应该从生活中寻找学生能体会的数学问题，这些问题应该比较容易引起他们的关注，从而让他们燃起兴趣深入了解。德夫林认为当今数学界的实践，远远没赶上计算科技的飞快进步。当这种落差随着时间逐渐消除后，他相信数学教育会分化为两条轨道：一条是在15岁左右之前共同的"百万人的数学"，另一条是之后为真正对数学知识感兴趣，或者将来在专业上需要较高等数学的学生所设计的数学课程。

德夫林鼓吹的数学教育革新，与以往的各类改良其实有一项根本立场的差别。也就是总结大量离开学校的人的经验，知道学校里学习数学的经验是痛苦的，日后生活中直接用到的数学知识是相当初等的，以及呼应当代信息科技的教育思维应该取代工业装配线式的呆板训练。所以他主张对于大多数人而言，其实在学校教育阶段没必要学那么多数学。他这种看法也许会使很多正统数学家大感惊异，然而我以为这是应该正视的观点。德夫林虽然强调了信息科技的工具有助于改良数学教育的方式，但是在他这篇专栏文章中，没有触及新式工具使得终身学习变得方便的现象。因此对于数学不是特别感兴趣的人，并不会让他们的数学知识停格在"数学思维"课程的阶段，以致剥夺了他们有朝一日能用到更多数学的机会。在未来的网络世界里，可以预期有更为丰富多样化的数学教育内容，甚至不缺乏陪伴习作数学问题的自然人或人工智能的教练。目前因为受时间限制，难以在课堂传达给学生感受数学与文化、历史、艺术各种其他知识的关联互动，都能够在终身学习的历程中，随个人的需求适时获取。

面对21世纪国际上人才竞争的激烈形势，中国数学界自然非常关注数学教育的状况，有些令人尊敬的数学家已经把目光从超常教育或精英人才的培养，移往面向广大普通学生的数学教育。但是他们仍然强调数学教育的发展方向必须掌握在专业数学界，特别是对于数学教育界流露出颇为不信任的态度。其实1993年2月23日吴文俊先生在国家教委基础教育课程教材研究中心的数学家座谈会上，就曾提醒过："数学家谈数学教育改革，不能只从培养数学家的角度来看问题。一万人口中顶多有一两个数学家，不能用数学家的要求来指导中小学数学教学。我们常常以自己如何走上数学道路的经验来判断是非，那是不全面的。"我相信现在多数数学家应该在认知上，知道数学教育改革的目的并不在于培养更多的数学家。可是数学家与其他学科或者社会上实践经验的联系，并不是非常畅通与充分的。所以应该以更为敞开的胸怀，掌握时代的动向与大众的意愿，认真考虑类似德夫林的分流主张，莫让绝大多数人都对数学心生恐惧，最终望而却步。

数学能力与孤独症

1989年,《雨人》这部电影在奥斯卡影展上大放异彩,获得最佳影片、最佳导演、最佳原创剧本以及最佳男主角四个重量级奖项。尤其男主角霍夫曼(Dustin Hoffman,1937—)虽然在戏里话讲得不多,但是通过肢体语言以及眼神,生动地刻画了看似与外在世界疏离,却对数字有极强记忆力与运算能力的孤独症者。2016年,芒果台热播了电视剧《解密》,由陈学冬扮演孤独症者容金珍,他对数字极为敏感与痴迷,能够记忆非常复杂的算式,以及执行艰难的推理计算,但是自理生活的能力相当差,言语也不算顺畅。所幸在机缘巧合下,他被招募去破解超级密码,表现出远非寻常人可比的特殊能耐。《雨人》与《解密》的成功一方面纠正了一些对于孤独症的误解,但是也带来另外一种副作用,就是认为孤独症者都会有某些超出常人的本领,特别是与数字相关的能力。到底数学能力与孤独症有没有关联，其实是令人好奇并值得探讨的课题。

孤独症是一种发育或性格上的障碍，而不是一种疾病。通常从幼年时就表现出来，终生不会完全消除。目前专家理解孤独症并非单一症状，而是一个连续的谱系，其中与数学能力相关的是所谓的阿斯伯格综合征（Asperger syndrome）。此综合征的外在行为可区分出六类特征：人际交往困难、专注于狭隘的兴趣、反复做一套事、特别的言谈方式、非语言的沟通有障碍、举止笨拙。阿斯伯格（Hans Asperger，1906—1980）是奥地利维也纳的儿科医师，他自1944年的博士论文开始，对儿童心智障碍做过长期研究，但是他的贡献直到身后才得到比较广泛的认可。阿斯伯格记述的症状前人也曾提到过，但是与数学才能的关联却是他的发现。他曾说："令我们惊异的是只要孤独的人智力上没有受损，几乎都能够在事业上获得成功，经常是在高度专业化的学术行业里，做到高级职位并且倾向于抽象的工作内容。我们找到数量众多的人，他们的数学能力决定了他们的职业，像是数学家、技术专家、化工师、高阶公务人员。"为什么这些人的数学能力比较突出呢？他也提出了可能的解释："要想在科学或艺术上成功，有那么点孤独好像很是必要的。成功的要素须有能力与日常世界有所脱离，摆脱单纯的实务,以原创力重新思考问题,从而开辟人迹未到的新路径,全力拓展一种专长的渠道。"

针对智力正常的人,如何分析他是否有孤独的征兆,英国剑桥大学孤独症研究中心的巴伦-科恩(Simon Baron-Cohen,1958—)发展出一种简单且易于自我操作的问卷,用以反映受试者在孤独症连续谱系上的位置。问卷共包含50个简短问题,评估的区块包括五类:社交技术、注意力转换、对细节的注意、沟通力、想象力。受试者所得计分在0到50之间,称为孤独症谱系商(Autism-Spectrum Quotient,简称AQ)。在2001年发表的论文中,巴伦-科恩的团队针对四组研究对象做了调查。第一组是58位阿斯伯格综合征者,第二组是174位随机挑选的对照组,第三组是840位剑桥大学的学生,第四组是16位英国奥数获奖者。阿斯伯格综合征者那组的平均得分是35.8,远高于对照组的平均分16.4。第一组有80%以上至少得到32分,而第二组只有2%至少得32分。剑桥大学生那组与对照组没什么差异,但是学科学的(包括学数学的)显著高于人文与社会科学的学生,并且在主修科学的学生里,学数学的得分最高。另外英国奥数获奖者的得分又显著高过剑桥学人文的学生。

巴伦-科恩还发展了"重同理心/重系统化"的二元理论,描述女性与男性大脑的差异性,而阿斯伯格综合征可归纳为极端的男性大脑，也就是极端重系统化的大脑。此处所谓"重同理心"是指一种倾向，可以感同身受别人的情绪与思想，并且以合宜的方式加以响应。"重系统化"则是指另外一种倾向，企图分析系统里的变量，推导出系统的潜在规律。"重系统化"也包括建构系统的倾向，从而预测系统的行为，并且加以控制。因为数学是各种学科里最富于系统化倾向的一种，所以巴伦-科恩的团队想检验重系统化与孤独症的关联性时，就很自然想到挑选数学系的学生作为研究对象。

巴伦-科恩的团队找了剑桥大学792位本科生做调查，其中378位是数学系的，而控制组的414位分属多个学系（包括医学、法律、社会科学）。以性别比例来看，数学组有280位男性及98位女性（即74.1%为男性），对照组则有163位男性及251位女性（即39.4%为男性），性别的比例有显著的差异。两组在年龄以及家长职业方面都相当。每位受调查者都需回答以下两个问题：(1)你有没有被正式诊断归类为孤独症谱系中的一种？(2)除你本身之外，你的血缘双亲与兄弟姊妹有没有被正式诊断归类为孤独症谱系中的一种？问卷调查的结果是：在数学组里有7个独立的孤独症例证（即1.85%），而对照组里只有一个例证（即0.24%），表现出来显著的差异。在近亲是否有孤独症的调查中，数学组的比例是0.5%，而对照组是0.1%，也有显著的差异。这项研究获得两个结论：(1)偏重系统化的才能增加发展出某种形态孤独症的可能性；(2)数学才能与孤独症的任何关联性反映了遗传因素。

巴伦-科恩以及其他类似的研究，虽然肯定了在数学家群体里有阿斯伯格综合征的机会大于其他专业群体，但是绝对不要误解为数学家都有阿斯伯格综合征，或者阿斯伯格综合征的人会像电影、电视剧演的那样都擅长数学。当然，另外让人好奇的问题是，历史上哪些有名的数学家有阿斯伯格综合征？其实阿斯伯格综合征的诊断并不是一件简单容易的事，必须有专业心理医师直接接触观察评估。对于历史上的著名数学家，只能从他们的可靠而详尽的传记中，去寻求符合阿斯伯格综合征的征兆，去做一个合理且可信度较高的推断而已。经过一些人的爬网，发现具有不止一项阿斯伯格综合征征兆的数学家包括：爱多士（Paul Erdős）、费希尔（Ronald Fisher）、哈代（G. H. Hardy）、拉马努金（Srinivasa Ramanujan）、图灵（Alan Turing）、韦伊（André Weil）、维纳（Norbert Wiener）。其实还有不少人有资格作为分析的对象，特别突出的例子应该包括格罗滕迪克（Alexander Grothendieck, 1928—2014），以及佩雷尔曼（Grigory Perelman, 1966—　）。

牛顿、爱因斯坦、狄拉克通常都被归类为物理学家，其实他们发明了新的数学理论或者使用了相当尖端与高深的数学，所以他们应该具备等同于数学家的特质，而他们也确实都有阿斯伯格综合征的征兆。牛顿可能是最早文献里记载有孤独现象的科学家。牛顿是一个非常难相处的人，学生都不愿意听他讲课，可是他多年来仍然坚持对着空荡荡的教室讲一段时间。他又特别专心于自己的思考与工作，有时候客人来访，他到别的房间取东西时，半路想起正在研究的问题，就会完全忘记客人的存在。他还经常夜以继日地工作，甚至连续几顿饭都忘记吃了。有人问他如何发现万有引力的理论时，他回答说："纯粹是靠专心与奉献精神。我持续把问题放在面前，直到第一道曙光露头，一点一点慢慢地展现了光明。"阿斯伯格综合征的人特别能够坚持，因此他们往往不能接受平常多数人接受的看法，也不容易理会专家的意见。

詹姆斯（Ioan James，1928— ）退休前曾经是牛津大学几何学讲座教授，多年来提醒大家认识孤独症与数学能力的关联性，他从爱尔兰心理医师朋友费茨杰拉德（Michael Fitzgerald，1946— ）处得知，在看过的孤独症者里，无论算不算有阿斯伯格综合征，几乎都对数学感兴趣。费茨杰拉德认为孤独症者所经历的外在世界，特别是与社会生活相关的部分，会让他们感觉混乱无序，从而带来困惑与不安。但是数学是一个理性有秩序的世界，孤独症者从数学里获取的有序稳定感，正好补偿了他们对于人世间的神秘不解。这套说法在相当程度上说明孤独症与数学才能有显著关联。

人们对于孤独症以及阿斯伯格综合征的研究年代还不够长，很多现象值得记录与分析，进而建立适宜的理论体系。然而即使以目前已经知道的信息而言，已经足够教育界加以注意，对于有这些心理迹象的学生加强辨识与辅导工作。特别是对于已经在数学才能上流露端倪的人，更不应该把他们压缩在考试文化的既有教育环境中，否则会造成多么大的浪费！

数学教育家反击数学家的霸凌

　　2020年12月初，有家出版社的编辑寄给我一本英文书的翻译稿件，请我看看这本书的内容，可否写一段推荐文。那本书的名字是《大脑解锁——释放你的无限潜能》(*Limitless Mind: Learn, Lead, and Live Without Barriers*)，作者是美国斯坦福大学教育研究所讲座教授博勒(Jo Boaler, 1964—　　)。近年来她将斯坦福大学心理学讲座教授德维克(Carol Dweck, 1946—　　)发展出的"成长型思维"理论，应用到数学教育领域，并且做了一些实证研究，颇为受人注意与肯定。我虽然听闻过这些消息，但是还没有真正读过博勒的书，现在有人请我推荐，正好乘机拜读一番。

　　博勒发展的教育理论是以当代脑科学的研究成果为基础的，特别是大脑的可塑性，或称神经可塑性

（neuroplasticity），也就是说人的学习能力并不完全由遗传（或说基因）所决定。她在书中提供了六把学习的金钥匙：

第一把金钥匙是：学习会形成、强化或链接大脑中的神经路径，因此我们一直在成长的路上，不要再对学习能力抱持固定型思维。

第二把金钥匙是：当我们挣扎并且犯错时，正是大脑成长的最佳时机。

第三把金钥匙是：当我们改变了自己的信念，身体与大脑的生理也会跟着改变。

第四把金钥匙是：以多元的路径思考，会使神经通道与学习都达到优化。

第五把金钥匙是：思维速度不是衡量能力的尺度。当我们以创造性与灵活性处理概念与生活时，才是最佳的学习。

第六把金钥匙是：接触各种人与观念可强化神经路径与学习成效。

这套以"成长型思维"为骨干思想的数学教育方法，要说服大家大脑不是天生就分成"能"与"不能"学习数学的两种固定类型。只要坚持自信，不畏惧失败，最后都会得到成功的回报。这对于外在环境弱势的以及女性学生更具有积极的意义。因此博勒在追求数学教育机会均等方面，尤其做出了受国际瞩目的成绩。

博勒这本书页数不算多，我很快就读完了。她提供印证理论的实例，也都相当有启发性与说服力。我蛮喜欢博勒的书，因此写下了推荐语："作者从认知科学成果铸造出的六把密钥，有力地破解了学习数学时的迷思。其实大脑在克服困难与纠正错误中会持续发展，而那些降低学习数学障碍的方法，也适合用来处理生活上的难题。这真是一本值得所有学生、老师、家长仔细阅读的书。"之后，我对博勒的学术背景产生了进一步了解的兴趣。

博勒原籍英国，先在伦敦担任中学老师，然后才去攻读教育学学位。1997年她从伦敦国王学院获得博士学位，论文还得到英国教育研究协会的最佳论文奖。1998年她应聘去斯坦福大学担任助理教授，到2006年升为正教授。2007年她返回英国，担任居里夫人基金会讲座教授。2010年她重回斯坦福大学任数学教育教授。她在2000年得到美国国家科学基金会为期四年的资助，研究三所高中里不同的数学教学方式，学生学习成效的差异。这三所高中的数学教学法可分为两类：一类算是传统的教学法，也就是老师讲述既定的教材，学生只是被动地练习；另一类算是改良法，老师引导学生主动积极参与解题及推理。博勒最重要的研究成果，就是改良法教出的学生学到的更多，而且更喜欢学数学。博勒的结果也许是很多人所乐见与期望的，但是她是真正通过实证程序获得结论的，因此有更强的说服力。除此之外，博勒的研究还关注到数学教育里的性别平等问题，以及依照能力分班所产生的不良后果。近年来，她研究思维方式与偏见对教育的影响。一般人对数学的抗拒与天生资质无关，所谓"数学脑袋"其实是一个害人的神话。博勒在2016年出版的著作《成长型数学思维》（*Mathematical Mindsets: Unleashing Students' Potential Through Creative Math*）阐述了她的研究成果，这是一本畅销的普及性书籍。

从以上各方面看来，博勒应该是备受推崇的数学教育家。但是当我看斯坦福大学教育研究所博勒的个人网页时，让我很感意外的是在页面最下方左边，有这么一段文字："乔·博勒揭发遭受米尔格兰姆（James Milgram, 1939—　）与毕晓普（Wayne Bishop）的攻击。"然后链接到一篇文章：《当学术上的不同意见变为骚扰与迫害》（*When academic disagreement becomes harassment and persecution*）。这篇2012年10月公布的文章，开宗明义："良好学术工作的核心包括真诚的学术论辩。然而假借学术自由之名，扭曲真理以提升自我地位并且污蔑他人，那会造成何种后果呢？多年来我饱受迫害，终于决定是时候把细节揭发出来。"这样在学校官网上公开指控米尔格兰姆与毕晓普涉及学术迫害，实在非比寻常。

被指控的两位人士又是何方神圣呢？米尔格兰姆是斯坦福大学数学系的退休教授，专长是代数拓扑学，担任过一流数学期刊的编辑。1974年，他曾在温哥华召开的国际数学家大会做邀请报告；他访问过世界上多所知名学府，包括2000年来过中国科学院数学与系统科学研究院；所以无可置疑他在数学专业上有一定的学术地位。此外，他对于中小学的数学教育特别关心，给好几个州做过数学教育顾问，参与加州数学标准的制订。至于毕晓普则是加州州立大学洛杉矶分校数学系教授，专长是代数学，长期活跃在数学教育界，也曾参与以前加州中小学数学标准的制订。米尔格兰姆与毕晓普强调数学教育的严格性，以及反对把中学教材内容减少或过度简化。近年美国多数州都接受的《共同核心州立标准》(*Common Core State Standards*, 简称CCSS)，一般人认为在严格性方面有所改进，但是米尔格兰姆与毕晓普对此标准的批评相当严厉，因此他们就被归为数学教育的"传统派"。他们对于博勒这批"改革派"自然难以苟同了。

博勒指控米尔格兰姆与毕晓普霸凌的多种事项里，最主要的部分涉及2000年国家科学基金会资助的那个四年期研究项目。从一开始，毕晓普就在支持他的群众里宣传，作为博勒研究对象的学校根本不存在，而是编造出来的，目的是打击博勒研究成果的信誉，削弱博勒学说的影响力。到2005年博勒的初步研究报告出炉，证实主动参与愈多的学生，数学学习的成效也愈好。2006年，米尔格兰姆就开始宣称博勒有学术不端行为，如果坐实的话，博勒的学术生涯就会彻底毁灭。斯坦福大学因此组织了一个调查委员会，针对米尔格兰姆关于国家科学基金会资助计划的指控详加审查。结果校方认定博勒并无违规事实，从而终止了调查委员会的工作。米尔格兰姆在斯坦福大学内部打击博勒没有得逞，就联合毕晓普在公共领域追剿博勒。

研究涉及一些学生和教师个人，有一定的学术伦理规范。博勒是不允许披露所研究的学校、参与学生与老师的资料的。因此面对指控编造研究对象，却在法律的约束下，博勒无法公布研究计划执行的具体情形。毕晓普靠他在数学教育界的广泛人脉，四处去个别学校打听是否参与了博勒的研究计划，使用不专业、威胁性、戴着有色眼镜的偏见语言，甚至扬言要走法律途径迫使别人公开应该保密的信息。2006年，米尔格兰姆在自己的网页上挂出与毕晓普合作的论文，宣称他们已经能辨识博勒研究的对象，并且针对那些学校与学生发出贬抑的言辞。同时他们强烈质疑博勒有学术不端的行为。这篇论文除了一直挂在米尔格兰姆的网页，从未经过同行审查而刊印在正式的学术期刊上。但是从此成为那帮攻击博勒的人的立论根据。博勒四处应邀讲学，就有人散布她的研究成果不可靠的负面意见，而举证的材料都是这份网上的非正式文献。使得博勒辩不胜辩，所以干脆在自己网页上公开受两位前辈霸凌的来龙去脉。

其实美国的数学教育论争多年来都不曾完全停息。1957年，苏联的卫星上天，使美国人大感震惊，因为怕丧失军事上的领先地位，美国需要赶紧培养科技人才，于是兴起"新数学"的教改运动。"新数学"着重强调数学的抽象与形式结构，引进"集合"的语言来表达数学的内容，结果搞得老师、学生、家长都人仰马翻，造成了很大的学习障碍。到了20世纪70年代，改革的钟摆又摆回所谓"回归基本"的运动，再次强调熟练计算的重要性。但是美国中小学的数学教育每况愈下，1983年一份官方报告《危机中的国家：教育改革的迫切性》，承认教育系统失衡，教育水平低落，呼吁发起新的教育改革。为了响应这种需求，美国最大的数学教师团体"全国数学教师协会"（National Council of Teachers of Mathematics，简称NCTM）在1989年公布了新课程标准。开始时受到相当的欢迎，但当广泛实施新标准的教学后，缺点就逐渐浮现。以最早采纳新标准的加州为例，五年之间于全国测验的排名落到第48名。甚至加州高科技公司表示，甄选不到合格的本州学生来就职。从而引起加州数学家、科学家与家长联合挑起了"数学战争"，风云激荡美国教育系统好多年。1997年，加州任命数学家撰写新课程标准，1998年就立法引入所有学校。这一波波的变革，一直延续到目前的《共同核心州立标准》，总是伴随着热烈论争。

这一系列的数学教育改革攻防中，经常可见数学家与数学教育家分属两个有些对立的阵营。不少数学家认为搞数学教育的人在养成阶段根本没学过多少数学，由他们主导设计的课程标准往往深度不够，学生到大学有衔接上的困难，从而拖累大学跟着降低水平。数学教育家则更关心一般人在学校学习数学的痛苦经验，认为在教学方法上可以谋求与传统不一样的改进，让学生不要过早地放弃数学。但是他们所做的改良，又不免被参与编制课程标准的数学家讥讽为浅陋或逻辑性不足。其实中外都有类似的情形，数学家们很容易流露出看轻数学教育家的态度。博勒披露的霸凌事件中，似乎也无法掩饰这种气息。但是值得深思而没有简易解答的问题是，中小学数学教育的纲领与教法真的该由数学家们，特别是纯数学家们决定吗？

斯穆里安的
逻辑谜题

在我读高中的时候，有一阵子对于如何把思想方法搞正确，产生了浓厚的兴趣。当时台湾大学哲学系教授殷海光所写的《逻辑新引》，就成为我自学的对象。这是一本对话式的逻辑入门书，作者又是敢于批评当政者的著名学者，让我更是怀抱好奇心来一探究竟。然而殷教授开始处便说："历来许多人以为逻辑是研究思维之学。这完全是一种误解。"紧接着在下一页，他说："根据近二三十年一般逻辑学家之间流行的看法，我们可以说，逻辑是必然有效的推论规律的科学。"

这本书在我心中埋下的种子，到我大学毕业准备留美时，萌发去北卡罗来纳州的杜克（Duke）大学学习的动机，追随荀菲德（Joseph Shoenfield, 1927—2000）教授攻读数理逻辑博士学位。荀菲德教授当时是美国符号逻辑学会会长，所写的研究生程度的数理逻辑教材影响广泛，于今已被认为是经典之作。在这段求学的过程中，我体会到逻辑的范围已经远超过"是必然有效的推论规律的科学"，成为研究形式系统的核心知识，它的结果一方面可用来帮助解决平常数学领域里的问题，另一方面它通过证明论以及递归论影响到计算与计算机理论的发展。

虽然逻辑是这样一门基础中的基础学问，但是要让它的教学吸引学生并不简单。在中学里引入一些基本命题逻辑的教学内容时，那些"且""或""若……，则……"等逻辑连词的练习，往往会让学生感觉干瘪枯燥。尤其在中国传统文化中，欠缺严谨明晰的逻辑思维习惯，这些按照当代逻辑确定真伪的复合语句，难免使学生倍感生造别扭。

在我自己研习数理逻辑的历程中，同时会关注增进学习逻辑趣味的各类方式。《科学美国人》杂志著名的《数学游戏》专栏作家加德纳（Martin Gardner, 1914—2010），在1978年3月号评论了斯穆里安（Raymond Smullyan, 1919—2017）的逻辑谜题书籍《这本书叫什么？》（*What Is the Name of This Book*），推崇它是"娱乐性逻辑谜题书中最具原创性，最有深度，又最幽默的一本"。我因此买了一本阅读，感觉十分惊艳。此书包含了271道自创的逻辑谜题，更穿插着数学笑话、典故、轶事以及种种令人头脑发晕的诡辩奇论。最后通过一系列的故事，引人进入哥德尔不完备性定理的天地。这种成绩，若非一位艺高胆大又妙笔生花的逻辑学家，是休想尝试的。如果在逻辑教学上，能适度穿插引入斯穆里安式的谜题，应该会增加学习的乐趣，而且可以辅助理解一些原本深奥的概念。

斯穆里安是怎么开始喜欢上逻辑的，这本身就含有一点逻辑谜题的味道。1925年4月1日，小雷蒙（斯穆里安的名字）正感冒卧病在床。哥哥艾弥尔比他大十岁，一大早跑进卧房对他说："雷蒙，今天不是愚人节吗，我会用你从来都没有被愚弄过的方式来愚弄你。"因此雷蒙整天躺在床上，一心等着瞧哥哥会耍什么新花招。可是艾弥尔一整天都不曾再出现。天色已经很晚了，母亲来问他："你怎么还不睡觉呢？"他回答说："我还在等哥哥来愚弄我啊！"母亲便去跟艾弥尔说："拜托你去愚弄雷蒙一下，好让他安心睡觉吧！"艾弥尔于是走到雷蒙床前对他说："你预料我会愚弄你，是不是？"

雷蒙："是啊！"

艾弥尔："但是我没有来愚弄你，对不对？"

雷蒙："对啊！"

艾弥尔："然而你本来预计我会来愚弄你，不是吗？"

雷蒙："是啊！"

艾弥尔："所以我已经愚弄你了啊！"

斯穆里安告诉我们，在这番对话之后，他久久不能入睡。他始终想不通的是，假如他没有被愚弄，则他没有获得他所预期的，因此他便被愚弄了（这是艾弥尔的推论）。但是用同样的道理来说，假如他真的是被愚弄了，那他不是已经得到他所预期的了吗？那么又在什么意义下他被愚弄了呢？

下面我翻译若干道《这本书叫什么？》（此书有中译本）里的谜题，让读者略窥斯穆里安的风格。在原书中他常使用三种人物角色：knight，knave，normal，我不采取直译，而戏称为"武士""术士""学士"。他们的特征分别是："武士"永远只讲真话，"术士"永远只讲假话，而"学士"讲的话有时为真有时为假。

在第一组问题里，有一个岛上只住着武士与术士，不过无法从外表上区分这两类人。请回答下列问题：

1. 有三位岛民A，B，C在花园里聊天。来了一位外地的观光客，观光客问A："你是武士还是术士？"A回答得口齿不清，观光客因为没听懂他的话，就再问B："A说什么啊？"B回答他："A说他自己是术士。"这个时候C插嘴说："不要相信B，他在说谎！"请问B与C各为哪种人？

2.假如这回观光客问A："你们中间有几个武士？"A还是回答不清，观光客问B："A说什么啊？"B回答他："A说我们中间只有一个武士。"C插嘴说："不要相信B，他在说谎！"请问这回B与C又各为哪种人？

3.有三个岛民A，B，C，A说："我们三个都是术士。"B说："我们之中恰有一个是武士。"请判定A，B，C的身份。

4.假如在前题中，B说："我们之中恰有一个是术士。"还能不能判定B与C的身份？

5.如果两个人同为武士或同为术士，则说他们是同类人。现在A说："B是术士。"B说："A与C是同类人。"C到底是哪种人？

6.A说："B与C是同类人。"假如有人问C："A与B是不是同类人？"C会怎么回答？

7.观光客看到树下有两个岛民，就问其中一个："你们之中是不是有一个武士？"那个人回答之后，观光客就可以确定他们的身份。请问他们各自为哪种人？

接下去在第二组有趣的问题中，除了武士与术士外，再加入学士。而且这三类人有阶级的区分，阶级最低的是术士，中等的是学士，而武士的阶级最高。

8.有A，B，C三个人，只知道武士、术士、学士各居其一。现在他们分别说：

A："我是学士。"

B："A说的是真话。"

C："我不是学士。"

请判定A，B，C的身份。

9. A，B，C中还是武士、术士、学士各居其一。

A说："B的阶级比C高。"

B说："C的阶级比A高。"

假如有人问C："A与B，谁的阶级高？"请问C会如何回答？

10.现在有A，B二人身份不明。

A说："B是武士。"

B说："A不是武士。"

请证明A与B之中至少有一个说了真话，但他却不是武士。

下面是第三组问题。巴哈瓦岛的女人都是女权运动者，因此她们跟男人一样，也分为武士、术士、学士三类。一位古代巴哈瓦女王曾经下过一道谕令，武士只准与术士结婚，术士只准与武士结婚（于是学士只好都与学士结婚了）。也就是说，对于任何一对有婚姻关系的夫妇而言，他们俩要么都是学士，不然就是一人为武士、另一人为术士。

11. 假如有A先生与A太太说下面的话，请问他们的身份为何？

A先生："我太太不是学士。"

A太太："我先生不是学士。"

12. 假如他们说的是下面两句话，答案会不同吗？

A先生："我太太是学士。"

A太太："我先生是学士。"

13. A，B两对夫妇接受访问：

A先生说："B先生是武士。"

A太太说："我先生说得很对，B先生是武士。"

B太太说："是的，我先生确实是武士。"

请问四人的身份分别为何？而三句话中哪几句是真话？

我会在本章的最后提供这些谜题的答案，但是请读者先绞尽脑汁，享受一下解题的乐趣。现在我们来看看斯穆里安是个什么样的人，会创造出这么独具风格的谜题！

加德纳曾说斯穆里安是："独一无二能同时拥有以下角

色的人物：哲学家、逻辑学家、数学家、音乐家、作家以及创造绝妙谜题的人。"如此多彩多姿的人物于1919年出生在美国纽约州，从小的志向是当钢琴演奏家，因此他平生第一个教职是在芝加哥罗斯福学院担任钢琴老师。不幸的是他的右臂得了肌腱炎，使得他不得不放弃当专业音乐家的梦想。于是他一面以表演魔术维持生活，一面去芝加哥大学选修一些数学课程。这期间他发表了引人注意的数学逻辑论文，甚至有学院愿意延聘他去担任数学讲师，虽然他那时连高中文凭都没有。沿着这条不寻常的路径发展下去，斯穆里安最终去普林斯顿大学当了逻辑大师丘奇的研究生，而于1959年获得了博士学位，那时他已40岁"高龄"了。

虽然斯穆里安的专业逻辑生涯起步相当晚，但是他不仅长寿（97岁）而且保持旺盛的创作力，所以在专业逻辑方面至少出版了8本书，在逻辑谜题方面则至少有14本脍炙人口的杰作。他曾经说："我的谜题主要是设计给一般大众，希望通过纯粹娱乐性的设计，引导他们认识数理逻辑里的深刻结果。"特别是他想让社会大众接触到他最崇拜的哥德尔的划世纪发现。

斯穆里安还是一位不那么严肃的哲学家，他尤其倾心于中国的道家哲学，他写过一本书《大道无声》（*The Tao Is Silent*）来宣扬一切顺乎自然的人生态度。在这本书的序言里他曾经用午睡为例，说明道家与西方思想的差异。他说道家会认为随时想睡就睡，而不是每天按预定时辰睡午觉，不管当时到底瞌不瞌睡。西方人则刚好相反，如果接受午睡的习惯，就会强迫自己按时休息，不管身体的信息为何。他说如果自己是老子，就会说：

> 圣人要睡非依规律
> 亦非勉强
> 而是圣人困矣。

　　抱持这种顺应自然秉性态度的人，很难不具备幽默感。在斯穆里安的著作中，随处可见幽默的元素，而且是一种耐人寻味的雅致幽默。这里举一个他讲的笑话为例。

　　在爱尔兰某处，有个人每晚去酒吧点三杯啤酒。夜复一夜如此，酒保终于忍不住问他为什么要这样。他说自己有两位兄弟，一个在美国，一个在澳大利亚。兄弟们约好，每次不管谁想喝一杯啤酒，都得再加喝两杯，表示手足情深、共享欢乐。喝三杯的做法延续了好几个月，连酒吧里其他客人都很感动。有一天晚上，此人进来只点了两杯酒，让大家颇感意外并心生同情，酒保过去向他丧失一位兄弟致哀。那人回说自己的兄弟都还健在，酒保满腹狐疑地问他为什么只点两杯酒时,那人告诉酒保:"我戒酒了!"

最后让我们看看前面逻辑谜题的解答吧!

1.因为不可能有人说自己是术士,所以B一定在说假话。因此B是术士而C是武士。

2.因为B与C的话互相矛盾,所以他们两人一定一个是术士另一个是武士。假如A是武士,他不会说:"我们中间只有一个武士。"(因为现在有两个武士,而A说真话。)如果A是术士,他也不会说:"我们中间只有一个武士。"(因为这句话现在变成真话,而术士不说真话。)总而言之,B说的话一定不是A原来说的话,所以B是术士而C是武士。

3.首先我们注意到如果A是武士,就一定不会说:"我们三个都是术士。"所以A确定是术士。而B与C之一必然是武士,否则A的话就成了真话。假若B是术士,则B说的话为真,这对术士而言是不可能的,因此B是武士而C是术士。

4. A还是术士。但是B的身份不能确定,如果B是武士,则C是武士。但如果B是术士,因为不可能三人同为术士,所以C还是武士。

5.如果A是武士,则B讲的是假话,所以C是术士。又如果A是术士,则B讲的是真话,所以C还是术士。

6.假如C回答:"不是。"现在有两种状况:(1)如果C是武士,则A与B不同类,考虑各种情形,A不可能说:"B与C是同类人。"(2)如果C是术士,则A与B同类,考虑各种情形,A也不可能说那句话。所以不论C是武士还是术士,他必然回答:"是。"

7.假设答话的人叫A,另一个叫B,而如果A回答:"是。"则观光客不能确定他们的身份。(可能A为武士,B为术士,也可能A,B均为术士。)从题目中可知观光客由答话能确定身份,所以A一定回答:"不是。"由此可推断A是术士,B是武士。

8.首先由A的话可知A一定不是武士。假设A是学士,则B的话为真,所以B是武士或学士。可是因为只有一个学士,所以B只好是武士,而C只好是术士,但术士不可能说"我不是学士"这句真话,我们导得一个矛盾。于是A必然是术士,B必然是学士,而C只好是武士了。

9.从A的话可知C不是学士,为什么呢?假设A是武士,则B的阶级真的高过C,那么B是学士,C是术士。假设A是术士,则C的阶级高过B,那么C是武士,B是学士。其次,同理由B的话可知A不是学士。A,C都不是学士,B只好是学士。再来假设C是武士,则A是术士。C会回答真话:"B比A的阶级高。"假设C是术士,则A是武士。C会回答假话:"B比A的阶级高。"所以C总是回答:"B比A的阶级高。"

10.情形一:A说的是真话。那么B是武士,所以有一个A说真话却不是武士。情形二:A说的是假话。那么A一定不是武士,所以B说的是真话。但由A的假话可知B不是武士,所以有一个B说真话却不是武士。

11.假如A先生是术士,则A太太是武士,A先生的话反成了真话。同理A太太也不是术士,于是二人皆为学士。

12.这次可证明A先生、A太太皆不可能为武士,因此也不可能是术士,所以只好都是学士了。

13.假如B太太是武士,则B先生是术士,B太太就不会说那句话。假如B太太是术士,则B先生是武士,B太太也不会说那句话。所以B先生、B太太均为学士。由此可知A先生、A太太都说假话,所以他们也必然都是学士。结论:四人均为学士,三句话都是假话。

分享、责任与欣赏——科普写作与阅读的动机

　　我的书架上有一本神经科学家拉玛钱德朗(V. S. Ramachandran, 1951—　)与他人合作的科普著作《寻找脑中幻影》(*Phantoms in the Brain*),这本书的序言本身就是一篇很精彩的文章。他在序言里提醒我们科普写作其实有可贵的传统,至少可以上溯到伽利略时代。伽利略为了传播他的观念,常走出学院直接诉求于一般读者,并且在书中杜撰一位饱受挖苦的人物辛普利西奥(Simplicio),作为反对他的教授们的混合体。19世纪达尔文的重要著作,如《物种起源》(*On the Origin of Species by Means of Natural Selection, or the Preservation of Favoured Races in the Struggle for Life*)、《人类起源》(*The Descent of Man, and Selection in Relation to Sex*)、《人类与动物的感情表达》(*The Expression of Emotions in Man and*

Animals），也都是在出版商的敦促下，为普通读者所写的书。其他维多利亚时代的科学家，诸如戴维（Humphry Davy，1778—1829）、法 拉 第（Michael Faraday，1791—1867）、赫胥黎（Thomas Henry Huxley，1825—1895）等，也都有类似的经验。尤其早已成为科普经典的《一根蜡烛的化学历史》（*The Chemical History of a Candle*），其实是法拉第以1848年他给少年们所做的演讲为基础发展成书的。法拉第在皇家研究院建立的"圣诞演讲"传统一直延续到现在，获得邀请主讲的科学家都认为获邀此演讲是很大的荣誉。

20世纪英语科普名家辈出，早期如伽莫夫（George Gamow，1904—1968）、托 马 斯（Lewis Thomas，1913—1993）、梅达瓦（Peter Medawar，1915—1987）。最近20年更是科普当道的时期，像萨克斯（Oliver Sacks，1933—2015）、古尔德（Stephen Jay Gould，1941—2002）、萨根（Carl Sagan，1934—1996）、戴森（Freeman Dyson，1923—2020）这些科普畅销书的作者名字，都让我们耳熟能详。通过科普书籍的宣传，费曼（Richard Feynman，1918—1988）俨然成为科学界的摇滚明星，而"混沌"正如"蝴蝶效应"描述的风暴，从一篇数学小论文的题目，逐渐入侵到20世纪末的各个思维空间。科普的传播威力，不能说不大。

在科普的光荣传统下，顶尖科学家通过科普著作会激发出下一代的顶尖科学家。正如克里克（Francis Crick, 1916—2004）所说，量子力学大师薛定谔（Erwin Schrödinger, 1887—1961）在《生命是什么？》小册子里，对于遗传的基础是否建立在一些化学物质上的揣测，深深地影响了他自己的求知路线，最终激励他与沃森（James Watson, 1928—　）共同解开了DNA结构之谜。然而千百万科普读者中，最后能攀上科学高峰的人，毕竟是少数中的少数，为什么还是有那么多科学家，或者甚至非科学家，不断涌入科普写作的行列呢？

《圣经》的《创世纪》里记载，诺亚的后裔烧制砖头建造城池，又在城里盖高塔，用来显扬自己的名。结果"上帝"怕他们联合成一个民族，讲同一种话，以后会为所欲为，就把他们的语言搅乱，再把他们分散到世界各地。这则巴别塔的故事常给我一种连带的感想，人类尝试理解宇宙奥秘的努力，何尝不像是要建立一座高塔？最初人类的知识范围还相当有限，智者哲人几乎可以通晓一切的学问。但是知识发展的趋势，似乎让"上帝"疑虑人类真的会破解他的最高机密，不仅像《创世纪》所说扰乱了人类的语言，同时更使学科与学科之间经常鸡同鸭讲。一门学问作为理所当然的基础预设，另一门学问有可能拿来大肆检讨。一类学者认为是烦琐不切实际的精确性，另一类学者却以为是建立可靠知识的基本要件。在这种大环境中，我们常常听到一些揶揄学者间基本态度差异的笑话，像是数学家嘲笑物理学家逻辑不够周密，物理学家挖苦工程师粗枝大叶，而工程师又讽刺数学家脱离现实。

其实认真想想，人类要建立客观的知识，没有一些思想的框架是不行的。但是在一定范围里获得成功，就很容易把框架绝对化，开始用同一副眼镜去看其他圈里的活动。结果有时候看得顺眼，有时候却完全不对脾胃。倘若彼此之间能加强语言的沟通，并且认识到框架的暂时性，恐怕很多学科间的战争，或者相互的鄙夷，就可以相当程度地消弭。

在拉玛钱德朗的序言里他说自己写科普书的动机有二：一方面是近年神经科学的发展太令人兴奋了，"人性的自然倾向就想跟别人分享你的观念"；另一方面他对纳税人有一份责任，因为他的研究经费都得自"国家健康研究院"的资助。

"分享"应该是科普写作的一项极重要的动机，也是知识巴别塔垮掉后，科学家想走出自己小圈子的必要途径。就像不同自然语言间的翻译，也会有难以完全传神的情况发生，通过科普传达出的专业知识，不可避免会产生某种程度的"失真"。然而精准度的损失，可以说是跨越知识藩篱无从逃避的代价。

从阅读者的角度来看"分享"，它的作用在拓宽视野。这种作用的需求性在台湾地区更为迫切，因为在升学压力之下中学教育过早分流，使得学人文、社会科学的学生自然科学素养不足，而学自然科学的学生人文陶冶欠佳。即使都是学习科学的学生，因为科学教育以准备升学的背诵功夫为重，日后很快就把自己专门学科以外的科学知识，退化到一般大众的低下水平。有位同事告诉我，他在国外听公共卫生教授演讲，所运用的数学工具相当不简单，让他印象深刻。反观我们的数学教授，有多少对目前生命科学如何应用数学有相当多的认识？诸如此类的比较，让我们担心科学家知识的狭隘，愈发促成各个学科堡垒的建立，以有限的人力与智力党同伐异，而不能相互欣赏鼓励。因此不论所从事的工作是否与科学相关，不断地阅读科普著作，至少对人类认识客观世界的现况，有一幅接近真实的图像，不仅丰富自己的精神面貌，有时候这些知识还真的能派上些用场呢！

　　拉玛钱德朗所谓对纳税人有一份责任，也就是英文说的accountability问题。出钱的就是头家，所以就是要向头家"有交代"。但是大部分头家根本不懂学术期刊里的专业论文，因此科普著作成为一种沟通信息的载体，让愿意花时间了解的纳税人，有机会做一番鸟瞰。当然从阅读科普的角度来看，如果你不愿意放弃做头家该有的权益，而你生存的社会又有相当成熟的科普写作市场，自然经常阅读科普著作得来的背景知识，可以帮助你认清科技政策的选择与走向。

但是在科技对世界影响愈来愈巨大的现在，光是"有交代"还嫌不足。1999年11月19日，《科学》期刊的社论，由诺贝尔物理学奖得主罗特布拉特（Joseph Rotblat，1908—2005）执笔。他特别强调"负责任"，也就是说科学家不应再持有"为科学而科学""科学中立"或"误用科学不是科学家的责任"的象牙塔心态。他认为这类看似不涉及道德评价的观点，其实是不道德的，因为它们在替个人行为的后果推卸责任。因此"有交代"可说是消极地表示你的钱我没糟蹋，但是"负责任"是还没花钱就要保证不会乱来。

除了建议国家学术院、专业学会等制定伦理守则外，罗特布拉特强调对于进入科学生涯的新手，一定要让他们明了自己的社会与道德责任。他以为可以仿照医学院毕业生所发的誓词，学习科学的学生也应该有一种宣誓，虽然是象征的意味，但会刺激青年科学家反省自己工作成绩造成的后果。罗特布拉特非常喜欢的一段誓词如下：

我承诺为创造更美好的世界而工作，科学与技术的使用将负起更大的社会责任。我不会有意把我所受的教育，用到危害人类或环境的目的上。在我的生涯里，凡是实际行动前，我会考虑工作所造成的伦理方面的后果。即使我将来遭受巨大压力，今天我签署这项誓词，表示我承认只有个人负起责任才是通往和平的第一步。

科普书籍因为是讲故事，比拿出一堆专业论文，更能透露知识发展过程的人文景观。不仅是因为书中描述科学家或者他们群体的生态面貌，甚至作者讲述这个故事的立场、角度，都自觉或不自觉地流露出他对责任问题的交代。譬如有些科学家传记或社会生物学名家著作的翻译，因为选词的不够精准，或批注、参考文献的省略，都会引起人们质疑译者是否扭曲或抹杀了重要的思想信息。总的来说，科普写作与阅读是检讨科技"有交代""负责任"的有效途径。

科学是力量，其实也是文学。一讲到文学，大家很可能只想到诗、散文、小说、戏剧等文体。但是不要忘记罗素因为广泛的著作，丘吉尔因为历史性的著作，都曾拿过诺贝尔文学奖。科普其实是科学的文学方面，像萨根、古尔德、戴森等人的文笔，绝对不亚于一般的文学作家。而且他们引经据典的功力，可以看得出在人文上的素养亦属上乘。假如一位科学家有良好的人文素养，除了专业研究成果外，他还想表达一些思想与关怀，那么科普写作就自然成为最顺理成章的途径。特别是在科学专业论文中，一般是忌讳做太多的揣测，也就是英文里所谓的speculation，而科普著作则成为一条宣泄的途径。

虽然把一位科学家的工作描述成"纯属揣测"，难免带有贬抑的意味，然而拉玛钱德朗还是强调了揣测的重要性。他引用了梅达瓦（Peter Medawar, 1915—1987）的话："一个富于想象力的、揣测什么可能会是对的概念，是科学里所有伟大发现的起点。"即使揣测的结果是错误的，有时也会发挥正面的作用。达尔文曾说："错误的事实因为持续长久，对科学进步有高度的伤害性，但是错误的假设却没有什么危害，因为大家都很高兴能证明它是错的。一旦做到这一步，一条通往错误的路便被封死，而常常一条通往真理的路就此打开。"科学的发展在勇敢揣测与健康存疑之间保持通航，因此虽然有冷融合的乌龙事件，但是也有螺杆菌是造成胃溃疡的元凶这种几乎让专家跌破眼镜的重要发现。

阅读科普推想未来的景观，经常也是一种让人想象飞跃的经验释放。这种写作的风格虽然还没有到达科幻的地步，但是它所提供的虚拟空间，却有强过虚构文学的真实性。目前科普的文学价值，似乎还没有得到应有的以及足够的认识与重视。当科普阅读为科普写作提出分享、责任与欣赏的动机时，社会更应供给适当的养分，这样才能让这株文化的嘉苗，开出美丽的花朵、结出丰硕的果实。

图书在版编目(CIP)数据

数学文化览胜集. 教育篇 / 李国伟著. —北京：
高等教育出版社, 2024.3
ISBN 978-7-04-061783-2

Ⅰ.①数… Ⅱ.①李… Ⅲ.①数学-文化②小学数学
课-教学研究 Ⅳ.①01-05②G623.502

中国国家版本馆CIP数据核字(2024)第020232号

数学文化览胜集｜教育篇

物 料 号　61783-00

SHUXUE WENHUA LAN
SHENG JI : JIAOYU PIAN

出版发行　高等教育出版社
社　　址　北京市西城区德外大街4号
邮政编码　100120
印　　刷　鸿博昊天科技有限公司
开　　本　850mm×1168mm　1/32
印　　张　4.375
字　　数　71千字
购书热线　010-58581118
咨询电话　400-810-0598
网　　址　http://www.hep.edu.cn
　　　　　http://www.hep.com.cn
网上订购　http://www.hepmall.com.cn
　　　　　http://www.hepmall.com
　　　　　http://www.hepmall.cn
版　　次　2024年3月第1版
印　　次　2024年3月第1次印刷
定　　价　29.00元

策划编辑　吴晓丽
责任编辑　吴晓丽
封面设计　王　洋
版式设计　王艳红
责任校对　王　雨
责任印制　耿　轩